序　言

我们到底应该以怎样的智识、视界和问题意识与我们生存于其中的世界发生互动？有意思的是，很多时候这种思考的切入点往往具有一定的偶然性，因为它其实早已与人生经历的某些选择悄然地建立起了一定联系。

2005年我开始系统地学习和研究传媒，但最早接触传媒却是在2001年。同今天很多因为热爱传媒而选择中国传媒大学的同学一样，我也因为怀抱某种类似的好奇走进了当时的北京广播学院。因为这种好奇，我工作之余接触了学校不少传媒专业老师的课堂，而后进入了中央电视台的第10频道，在当时的制片人阚兆江老师负责的栏目下兼职从事编导工作，从而与传媒有了一段亲密接触。

这种偶然使得我对于传媒（传播）因素在促进政治与社会发展进程中的意义和问题有了一种偏爱。回顾近些年的思考和研究，其中涉及的主题词包括：媒介化社会、微博、社会问题、弱势群体、群体性事件、传播政治。其中的脉络清晰可辨，那就是——传媒（特别是微博传播）的发展正如何改变着中国的社会与政治？社会管理如何建立起有效的回应方式？

由于所关注的问题的复杂性，绝非单一学科可以胜任，从一开始本课题的研究就是一次关于社会学、政治学和传播学的跨学科探索，并坚持理论视野和方法上的拿来主义。本书的第一章"方法之辨"，不过是这一研究取向的重申。本章主要就近些年有关传播现象研究中几个特别关注的方法(视野)进行了分析,这势必为接下来的微博研究提供一定的借鉴。

第二章"相关观念"。界定了社会管理的含义,并从主体维度、对象维度、过程维度和行动维度进行了完整把握;分析了社会学的社会问题观,并指出:社会问题事件(包括微博事件)在中国政治与社会发展进程中具有独特的意义;弱势群体是政治学、社会学以及公共政策研究领域的核心概念,本部分对弱势群体的特征进行了确认,并就相关概念进行了比较分析;传播增权指的是主体通过传播实践机制增加人的效能,有利于人们实现对处境的控制,本部分主要综述了中西方(特别是西方)关于传播增权研究的基本概貌;媒介施政是政府(及其相关职能部门)利用传媒进行管理、控制和提供服务的一切行为,它在中国的兴起有其独特的背景,并承担着积极的功能,但也面临一些具体的问题。同时,这些观念也是思考微博的重要基础。

第三章"微博契机",首先梳理了传统媒体参与社会管理的概况,而后具体分析了微博如何通过重组公众、塑造中国政治生态,契合了社会管理的组织化需求。

第四章和第五章将社会管理的主体分解为政府、传媒、公共人士和一般公众,分别分析了其在社会管理中的地位、运用微博的现状及其问题、基本管理思路,同时也针对微博政治与社会语境下一些重要的社会管理做法进行了把握。

本书的结语部分认为,微博作为新媒体形态的代表之一,在中国有其独特的政治与社会价值,但与微博有关的社会管理工程建设受制于机遇政治,也需要更多具有公共性的新媒体的介入,并就相关议题进行了分析。

屈指算来,距离我的第一本专著《传媒治理论:社会风险视角下的传媒功能研究》(2009)的出版已经5年了,故本书也是我的阶段性思考和研究总结。可以说,完成该研究的过程就是一个不断深化问题意识的过程,这决定了研究行动的基本方向。我也真正领悟到真问题意识的意义在于,它不仅有利于理论的探究,还有助于我们如何更好地看待中国的当下和未来。我也真诚地希望与关注本书议题的研究者们展开进一步的交流。

谢进川

2015年1月2日于北京小村

中传社会学书系

本书为教育部人文社科基金青年项目"微博参与社会管理的长效机制建设研究"（编号：13YJC860036）的研究成果，并得到北京市社科基金项目（编号：11SHC023）、国家新闻出版广电总局社科基金项目（编号：GD1171）、中国传媒大学科研培育项目（CUC11A19）的资助。

微博传播与社会管理

谢进川 著

中国传媒大学出版社

目录
contents

第一章 方法之辨 / 1

第一节 传播、政治与社会政治 / 1
　　一、关于"政治传播"范畴 / 2
　　二、政治传播的本质与政治社会化 / 4
　　三、富媒体,穷民主:政治传播与新闻媒体的关系 / 5
　　四、社会政治 / 7

第二节 传播政治经济学与媒体改革运动 / 8
　　一、媒体改革运动概念 / 9
　　二、20世纪以来的媒体改革运动 / 10
　　三、对传播政治经济学的批判 / 15
　　四、深化传播政治经济学的实践性 / 20

第三节 互联网与群体性事件 / 21
　　一、"群体性事件"、"网络群体性事件"与"新媒体事件" / 21
　　二、当下研究的基本现状 / 24
　　三、未来研究的选择 / 28

第四节 传播民族志研究 / 32
　　一、民族志研究的目标 / 33
　　二、地方知识及其二重性 / 35
　　三、获得知识的路径 / 37
　　四、对民族志研究的反思 / 39

第二章 基本观念 / 43

第一节 社会管理 / 43
一、三种代表性观点 / 43
二、社会管理的基本含义 / 46

第二节 社会问题 / 47
一、社会问题的一般理念 / 48
二、作为社会问题的弱势群体 / 49

第三节 传播增权 / 53
一、传播增权概念 / 54
二、传播增权研究所属领域 / 55
三、传播增权的路径 / 56
四、传播的增权效果 / 58

第四节 媒介施政 / 60
一、媒介施政的含义 / 61
二、媒介施政兴起的社会背景 / 61
三、媒介施政的社会功能 / 62
四、媒介施政存在的问题 / 64

第三章 微博契机 / 65

第一节 传统媒体的参与分析 / 65
一、社会问题与传媒报道 / 65
二、传媒与弱势群体 / 69

第二节 微博参与的可行性 / 77
一、从微博到"微博中国" / 78
二、微博重组公众 / 79
三、微博形塑政治生态 / 82
四、社会管理的组织化需求 / 85

第四章 基本现状 / 88

第一节 政府使用微博现状 / 88
 一、研究设计 / 89
 二、政府官员微博描述 / 91
 三、政府机构微博描述 / 96

第二节 传媒使用微博现状 / 98
 一、研究设计 / 99
 二、媒体工作者微博描述 / 100
 三、媒体机构微博描述 / 106

第三节 公共人士使用微博现状 / 112
 一、研究设计 / 113
 二、公共人士微博描述 / 115

第四节 公众使用微博现状 / 120
 一、研究设计 / 120
 二、特定议题的公众微博传播 / 121
 三、公众微博发展的政治悖论 / 130

第五章 长效管理 / 136

第一节 政府微博的管理 / 136
 一、政府微博管理的基本思路 / 136
 二、政府政治承诺的有效性 / 144

第二节 传媒微博的管理 / 153
 一、传媒在网络舆情中的地位 / 153
 二、传媒微博管理的一般思路 / 157

第三节　公共人士微博的管理　/ 160
　　一、公共人士与微博舆论领袖　/ 160
　　二、公共人士微博管理的思路　/ 163
第四节　公众微博的管理　/ 165
　　一、公众批判的合理性　/ 165
　　二、公众微博的监视行动　/ 172

结语：微博、机遇政治，及其他公共性新媒体　/ 181
　　一、微博发展与机遇政治　/ 181
　　二、从微博到社区手机报　/ 185

附录　与媒体的对话　/ 195
采访一　新媒体语境下的新生代　/ 195
采访二　新媒体背后的人性和情感　/ 198
采访三　京东大战当当　/ 201

后　记　/ 205

第一章
方法之辨

广义上的研究方法包含了在研究过程中得以揭示事物(或现象)内在规律的一切工具和手段。其外延涉及从理论视角到资料收集,从抽象的概念分析到具体的行为研究。故这里的方法之辨并不刻意地追求标准划一的、一以贯之的某个方法,而是就近些年有关传播现象(含微博)的研究中几个与方法有关的重要议题进行一定的分析。在实际的研究过程中,研究者们对各种方法自是可以各取所需。

第一节 传播、政治与社会政治①

此探讨缘起于《现代传播》(2009年第4期)刊登的荆学民教授的《政治与传播的视界融合:对政治传播研究五个基本理论问题辨析》一文。研究者以清晰的思辨对政治与传播的融合视角进行了把握,并针对政治传播研究中的问题进行了前瞻性的廓清,很多观点令人深思。特别

---

① 部分探讨还可见谢进川:《政治与传播的视界转换:对政治传播研究三个基本理论问题再辨析》,《现代传播》2010年第1期。

是对众多传播现象的研究者而言,该论文针对现有研究不足提出的解决思路最明显地体现了总体性视角。这一点正好和当下研究中的问题形成了鲜明对照,因此具有很强的借鉴意义。但研究者在论证的过程中,也存在一些值得商榷的地方(以下的论述中将该论文作者直接以研究者代之,凡引用其内容也不再注释)。同时,我们认为除了对政治传播这种传播现象的研究外,政治与传播视角的融合和转换同样可以深化对于微博传播的本质认识。

一、关于"政治传播"范畴

研究者将西方学者关于政治传播范畴的界定总结为两种趋向,即政治学本位和传播学本位,认为两种趋向都存在学科壁垒,因此都有"短视"界定的局限性。于是,研究者主张从学科融合的视角,即从"政治"中解构出"政治信息"这一本质因素,从"传播"中解构出"扩散和被接受"这一本质因素,将两种本质因素融合形成"新"的"政治传播"范畴——"特定政治共同体中政治信息扩散和被接受的过程"。

实际上,信息论下的传播作为信息流动过程,它本身包括如下要素:传播主体、传播内容(信息)、传播媒介、传播对象、传播效果。换言之,对传播进行要素解构的话,它包括上述诸要素。至于"(信息)扩散和被接受"仅仅是信息论关于传播本身的含义而已,这在传播学界没有任何悬念和疑义,因此没必要非要从"传播"中解构出"扩散和被接受"这一要素。如此一来,对传播进行分类的话,可以从上述任何一个要素出发进行区分:如根据传播媒介可以分为信号传播、(书写)文字传播、印刷传播、大众媒介传播;根据传播内容可以分为政治传播、经济传播、文化传播等;此外,还可以根据传播主体、传播对象、传播效果等要素进行分类。即使在现有分类层级下,还可以根据上述要素进一步进行分类,如政治传播还可以根据传播主体做进一步的分类。换言之,政治传播就是"政治信息的传播",除非是针对非传播界的人士,需要将"传播"进一步说明,即"政治传播"就是"政治信息的扩散和接受过程"。布莱恩·麦克莱尔的《政治传播学引论》将政治传播概括为三个层面的观点(即一切党派人士与政治活动家为了达到特定的目的而进行的各种传播活动,一切非党派人士针对党派人士展开的传播活动,一切涉及以上三类人群政治行动的新闻报道、时事评论或通过其他媒介形式展开的政治讨论),与其说它是关于"传播本位"的政治传播观,毋宁说是从传播主体要素出发对"政治传播"进行的分类而已。

也有必要将政治传播概念即"特定政治共同体中政治信息扩散和被接受的过程"修改为"政治信息的扩散和接受过程"。理由在于,研究者的概念明显是将自己限定于民族国家范围内进行的界定。在现时代大背景下,无论是出于主动改变还是被动适应,体内(民族国家)与体外(世界)都成为必须予以考虑的范围。"政治传播"的范围的改变(从国内到国外)需要对其概念进行修订。实际上,研究者在"构建具有中国气派政治传播理论的基本思路"的时候,也没忘了强调"中国气派与全球视野的内在一致",但在界定"政治传播"概念的时候可能忘了全球化这一视野。

对于"政治"与"传播"的地位,研究者强调"政治"与"传播"地位是不平等的,"它首先强调的是'政治'的传播问题,因而'政治'是基础;它同时强调政治的'传播'问题,因而'传播'是其着力点"。为了加深对"政治传播"新内涵的理解,研究者主张从哲学维度来把握,概括为"政治本身就是传播","传播内在地包含政治"。特别是对于"传播内在地包含政治",研究者认为,"没有政治的'传播'是难以存在的,抽取了传播的'政治'内容,传播就成了空壳,也就不存在了。他指出,这就好像没有统治者的'统治'同样不存在一样"。

但正如前述,"政治传播"就是根据传播内容(信息)进行的界定而已,因此就这个概念而言,'政治'与'传播'互为前提。对政治学者研究"政治传播"而言,'传播'是其着力点;对传播学者研究"政治传播"而言,

'政治'是其着力点。对于"政治本身就是传播","传播内在地包含政治"的概括,如果说前者是针对政治过程而没有任何问题的话,后者(即"传播内在地包含政治")则是一个习惯性的判断。传播(严格来说是传媒系统)离不开政治仅仅是从根本性(总体性)的管制意义来说的,但非所有传播现实均与政治不离须臾。实际上,政治传播仅仅是某一划分根据下的传播类别而已。现实要真是如研究者所言"传播内在地包含政治"的话,似乎也没有必要具体划分政治传播、文化传播、娱乐传播等类别进行讨论了。真实的情况是,娱乐传播等不仅没有因为不指涉"政治"而成为空壳,或不存在,反而是如火如荼地在中国得到了最大的发展,以至于形成了相对比较成熟的娱乐产业。

二、政治传播的本质与政治社会化

研究者指出,由于政治学中关于"政治社会化"的本质、内涵等缺乏相对权威和稳定的共识,造成"政治社会化"这一理论命题引入政治传播理论研究之后产生了诸多问题。具体表现为"国内外关于政治传播理论的研究,在很大程度上是把政治传播作为一种政治社会化来理解和论证的"。研究者提出反论的基本依据是,人类社会的发展经历了从前市场经济社会到市场经济社会,政治、经济、文化领域从以政治为中心的统合一体走向了分离,尽管各个领域相互分离"并不意味各个领域的互不相干或'脱离',而是保持一种于社会发展的具体历史条件相适应的适度的'张力'"。同时,研究者特别提醒注意政治社会化带来的"恶果"——"社会"的"政治化"。

但"政治社会化的本质、内涵等缺乏相对权威和稳定的共识"并不意味对"政治社会化"不能进行根本旨趣上的把握(即探索到底它指的是"社会"的"政治化",还是其他内涵)。对此,最有效的分析手段就是进行历史的追溯。已有的研究表明,现代意义上的政治社会化研究,主要开始于 20 世纪 20 年代到 30 年代美国政治学者梅里亚姆和威尔逊进行的公民教育研究,到 50 年代末 60 年代初就成为一个专门的研究领域。① 从梅里亚姆的英文著作 *The Making of Citizens*、威尔逊的英文著作 *Education for Citizenship* 来看,其论述的主旨在于通过公民教育,培育能有效参与国家和社会公共生活、培养明达公民意识的国民。因此,政治社会化的旨趣在于让"市民"完成"公民"的转变,在政治体认、党派态度、政治参与等方面符合政治文明及其发展的需要。显然,它并不是让"社会领域"政治化。即使出现了社会领域政治社会化的恶果,也并非政治社会化的必然后果。可以肯定的是,需要做的是防止出现该类情形,但不能否定"政治社会化"的必要性。同样的,人们也不能将"市民公民化"混同于"社会领域政治化"。至于研究者的"何来'政治社会化'? 何必'政治社会化'? 何以'政治社会化'? 甚至可以说,'政治社会化'这个概念本身就逻辑不通"等追问显然是混淆了这一点。因此,在政治、经济、文化"分离"的情况下,包括国家—社会"分离"的框架下,应当强调的是避免政治对经济、文化,国家对社会的不合理干预,但这丝毫不意味着不需要经济、文化与政治,社会与国家进行更有效的联通。承认这一合理性的话,"政治社会化"自然是一个出路,否则何来有效地联通? 况且,"政治社会化"的主体存在差异,也不尽然都是为了实现"政治"统治"社会"的目的而进行"政治社会化"。

既然"政治社会化"具有其合理性,作为"政治信息扩散和接受过程的"政治传播自然不能对此视而不见,因此将"政治社会化"与政治传播建立起必要的关联,作为其中的重要部分理所当然。

三、富媒体,穷民主:政治传播与新闻媒体的关系

研究者敏锐地注意到,"新闻媒体在政治传播中无论何等重要,始终

---

① 毛寿龙:《政治社会学》,吉林出版集团有限责任公司 2007 年版,第 106 页。

改变不了政治与新闻媒体是'目的与手段'的根本关系。改变了这种关系,就会把人们对政治传播研究的关注点'聚焦'在'新闻媒体'上,这是一种本末倒置。"

应该说研究者的建议对于那些传媒中心主义的研究者来说,是一个及时的提醒。但研究者认为"新闻媒体的作用主要在'通过什么渠道说'这一环节上"的观点显然忽视了媒介与传媒(即媒体与媒介之综合体称谓)的区别。就中国现实来说,国家、市场、传媒三者之间一方面存在一致,一方面也存在博弈,现代社会转型正是基于国家主动行动,以及在博弈情况下的被动适应中完成国家总体主导下的改革的。比如传媒对孙志刚事件的连续报道,最终国家废除了不合时宜的法规,这能说传媒仅仅是媒介渠道吗?或者,这难道是国家政治利用传媒作为手段的结果吗?事实显然不是这样,否则就是抹杀了传媒的基本主体性。也正是基于此观点,我们在对微博的分析中特别重视这一点。

此外,研究者从班尼特的著作《新闻:政治的幻象》,再到麦克切斯尼的著作《富媒体,穷民主:不确定时代的政治传播》,认为至少彰显了三重意义,其中之一是:"反观政治传播的研究,则是严重夸大了新闻媒体的作用,是政治'献媚'于新闻媒体。"并认为由此导致了政治传播对"新闻媒体的偏好",将政治传播归之于新闻媒体问题。其实,两本书的作者强调的是商业力量施予新闻传播所形成的反映社会政治状况的拼图,传媒则从中获得大量经济收益——这一切正如传播政治经济学一贯批判的主题那样。其实,对于学术批判,不管在哪个领域,很多时候往往被认为是"小题大做"。但这是维持任何一个良性社会,从而提高社会认知所必不可少的。班尼特关于"新闻是政治的幻象",麦克切斯尼关于"富了媒体,穷了民主"的观点,都是批判者的角色使然。这种"偏"显然未必就是"新闻媒体偏好"使然。这一点也可在中国早期社会学家潘光旦的学术坚持中找到一致性。潘光旦在当时冒着被人批判的风险,专注于生物因素对文化的解释。虽然当时他也知道单单用生物现象或原则来解释文化必然不圆满,但自认为也事出有因:一是现象无涯,因果关系无穷期,精力有限难以面面俱到,不能不分别地观察或解释;二是生物现象比较基本而也是可以用人力来左右的;三是在科学幼稚的中国,生物学的解释比较不受人注意,从生物因素来解释的几乎没有。① 换言之,他认为其实以生物因素解释文化现象,并不排斥其他因素解释的说法,但过去的解释过于偏重社会、心理因素及文化因素,因此从总体上来说,强调(甚至是特别专注于)生物因素的解释会是一个重要的补充性研究。因此,《富媒体,穷民主:不确定时代的政治传播》毋宁说是对媒体传播政治的反思,指出的是西方传媒泡沫式多元化可能存在的幻灭。自然地,这也是由媒体传播视角转换为媒体政治视角进行审视的结果。

研究者从政治传播的核心辩论议题出发,强调了应从着力点的传播反推到基础的政治本身,进而探索什么样的政治需要更为广泛地真实地传播、什么样的政治更能广泛地真实地传播等等。这样的观念尽管一定程度上折射了对传播的政治偏爱,但要实现对传播现象的传播视角的超越,政治的视角又是必需的。延续这一视角思考微博传播,就会发现它还表现为鲜明的社会政治特征。

四、社会政治

微博发展以社会政治的方式凸显了技术的隐喻,又以技术的方式强化了政治的隐喻,从而最广泛地与当下中国发生了密切的关联。

这里的社会政治不是作为走向社会政治的历史道路的社会化的政治过程。后者指的是"由表面凌驾于社会之上的政治权力,在处理同全体人民群众的关系上,从思想到制度,做到真正使政治权力的行使始终有效地置于社会全体成员的监督之下,经由量的积累到质变过程,最后回归社会

---

① 蒋功成:《文化解释的生物学还原与整合》,《社会学研究》2007年第6期。

之中"。① 故可把这类主张称为"权力回归社会"的社会政治观,但此观念存在严重的认知不足。如果说"政治社会"的国家观有历史之渊源的话,该"社会政治观"则是企图约定化为学科术语。且其理解程度不仅窄化了社会政治本身的深刻内涵,也导致了其研究想象力的缺失。社会政治是对社会的政治发现,它从社会主体出发,强调社会的主体性关系及其行动的政治意蕴,而不是简单的"权力回归社会"或泛泛的"政治通过社会关系表现出来"。就外延而言,它在权力分享、财富分配、价值信仰、抗争行动等方面都有充分的表现。由于国家政治观将政治视为"围绕公共权力而展开的活动以及政府运用公共权力而进行的资源的权威性分配过程",②从而,社会政治与国家及政党政治作用的对象域有一定的交集。从这个意义上说,社会政治也不是国家与社会截然二分的理想类型的简单注解。相反,当代中国国家与市民关系的实践形态已经表明,目前关于国家与社会两分法的不少研究有过于简单化之嫌。

对于微博社会而言,甚至可以说:微博发展的政治本质就是社会政治,即微博社会的主体性关系及其行动具有的政治意蕴。在今天,即便政务微博有不断兴起之势,但它也不过是基于微博的社会政治影响力的回应产物,而且丝毫没有改变微博社会传播中的强社会—弱国家格局。

第二节 传播政治经济学与媒体改革运动③

社会学想象力的关键在于,能以局外者的角度观察社会,而不是只用个人的经验与狭隘观念来看待。用社会学的想象力去了解,会发现个人

---

① 刘德厚:《关于社会政治的一般理论》,《武汉大学学报》2000年第5期。
② 杨光斌:《政治学导论》,中国人民大学出版社2007年版,第6页。
③ 有关探讨还可参见谢进川:《媒体改革运动:传播政治经济学的社会实践性考察》,《国际新闻界》2010年第6期。

问题同时也是社会问题,从而对一些重要的社会机制进行重新定义。①传播政治经济学是对传播的社会批判研究中的最为重要的一支。传播政治经济学的研究在一定程度上促进了人们的社会想象力:传播政治经济学图绘了信息、知识、权力、传媒体制,让人们认识到了一些"不舒服的"社会事实,它要求人们对社会的整个传播机制进行重新定义,甚至是重新设计。就此而言,传播政治经济学不仅是学术的,也是实践性的。它表现为"视学术生活为社会变革的一种形式,视社会干预为知识的一种形式。"②这种实践性也集中体现在其对媒体改革运动的关注及其观念和主张方面。由于传播产业在发达国家尤其是美国迅速扩张开来,在去殖民化社会背景下引发了其他国家的政治回应,加之信息和传播在全球整个资本主义积累过程中发挥日趋核心的关键作用,③传播政治经济学首先在北美出现,并获得了最大的发展。故以下主要结合北美传播政治经济学的发展进行论述。

一、媒体改革运动概念

公众在社会中可能被误导,其中一个重要的误导因素可能就来源于媒体。麦克切斯尼是美国伊利诺斯媒体学院教授,也是一位媒体改革运动的呼吁者和研究者。他指出,将近90%的美国人对自己的总统的业绩感到满意,将近80%的人赞成总统发动伊拉克战争,这些数字不能不令普通人感到惊讶。原因很简单,绝大多数美国人都是从媒体那里得到信息,而这些媒体往往只把对总统有利的信息传递给民众。当美国最需要不同意见争论的时候,那些唯命是从的媒体却要破坏争论。"从9·11事件以来,美国媒体发挥了制约和扭曲公众舆论的作用,这充分证明,美国

---

① 卢晖临:《历史视角与社会学想象力》,《社会学家茶座》2006年第3期。
② 〔加〕文森特·莫斯可著,黄典林译:《数字化崇拜》,北京大学出版社2010年版,总序第3页。
③ 同上,总序第5页。

当代的新闻业和媒体制度难以有效地为一个有活力的民主和人道社会提供服务。现在我们需要将愤怒转化成一场更广泛、更勇敢、更多人参与的运动,来改造美国媒体。"①可见,媒体改革运动就是一场公众针对传媒偏离民主和人道的社会路径而进行社会矫正的运动。

在美国,从事媒体改革运动的组织有FAIR(Fairness and Accuracy in Reporting)②、CEM(The Cultural Environment Movement)③、Institute for Public Accuracy、Media Channel、Media Alliance 和 Media Education Foundation。在这场改革运动中,媒体改革不被认为是一个被动变量,而是被纳入到国家社会整体改革的框架中,甚至媒体改革被理解为是其他改革和斗争的前置条件。在早期,美国媒体改革运动的直接目标主要针对虚假新闻,现在则更多地关注媒体的过分商业化、文化的企业利益倾向、特殊利益集团的游说活动,以及立法机构在媒体决策中的腐败行为。④

二、20世纪以来的媒体改革运动

传播政治经济学具有的左翼立场使得他们对媒体改革运动给予了高度关注,甚至从某种意义上来说,这也是传播政治经济学社会实践性的表征。加之强调左派在民主社会中的特别意义(即组织经济和政治力量、消除不平等、推动社会民主实现),使得传播政治经济学对左派的媒体改革运动(及其主张)给予了特别关注。

(1)20世纪初至60年代。左派(社会主义政党成员及其支持者)拥

---

① 〔美〕罗伯特·麦克切斯尼:《发动广泛的媒体改革运动》,《比较》2004年第12期。
② 该协会成立于20世纪80年代,主要工作是出版调查报告和协会杂志(Extra),目的是对传媒的发展趋势进行分析。受众群体主要为希望提高目前新闻质量的人和寻求媒体结构性改革的人。
③ 其主要的任务是整合非营利和公共利益组织到媒体改革运动中来,直接的目标也是改善现有的新闻状况,倡导媒体的结构性改革。
④ 〔美〕罗伯特·麦克切斯尼:《发动广泛的媒体改革运动》,《比较》2004年第12期。

有日报、周报、月报和杂志,以确保工人阶级拥有自己的舞台。① 1930 年代,作为活跃的政治力量,左派还主张建立提供公共服务的媒体机构。但作为早期的美国媒体改革运动,参与者并不限于左派,不满的非营利广播者(包括某些劳工和宗教团体、大专院校)、两大党的某些政客、市民团体、市民自由论者(civil libertarian,担心商业广播会导致意见审查)及某些报纸及其工会都是其联合成员。当时,他们共同的一个利益诉求就是反对在广播中播出广告。但到了 30 年代中期,这场运动就以法律和规制实践对广播商业化的确认宣告失败。传播政治经济学者注意到了导致这一结果的短期原因(short-term factors):经济危机和改革运动参加者控制能力缺乏。当时发生的经济危机直接导致了公共广播资源被削减,国家政策重心发生了转变。改革运动参加者政治能力的不足,彼此的协调性不够,甚至在个别情形下的精英取向也直接削弱了来自民众的支持。而更基础和长期的原因(long-term factors)则被认为是来自对手的意识形态、政治和结构性权力。具体来说就是,这种具有涵化效果的意识形态认为,现有的理性的媒体结构可以带来一个自由、民主的社会。而政治和结构性权力则将资本主义的本质缺陷排除在公共讨论之外,通过对左派边缘化、使其在重要事务缺席,利用被净化处理的资本主义版本的文化再生产,使得社会的结构性限制得到有效强化。② 在 40 年代,左派和工会都遭到政治打压,联合媒体的经济占据主导地位,创造了"媒体是政治中立的"意识形态。此时,左派的观点开始发生变化,不再将媒体改革视为实现政治的突破口。③ 但传播政治经济学创始人斯迈兹(曾作为美国联邦传播委员会的首席经济家,并服务于该委员会)将冷战时期恐怖的上升与

---

① 〔美〕罗伯特·麦克切斯尼著,谢岳译:《富媒体 穷民主》,新华出版社 2004 年版,第 399 页。
② Robert Hackett. Taking Back the Media: Notes on the Potential for a Communicative Democracy Movement, *Studies in Political Economy*[J]. Number 63, Fall 2000.
③ 〔美〕罗伯特·麦克切斯尼著,谢岳译:《富媒体 穷民主》,新华出版社 2004 年版,第 387、388 页。

大众传媒相关联,实际上挑战了联合媒体制造的意识形态。斯迈兹注意到,在美国商业文化背景下,以追逐商业利润为定位的大众传媒对公众的心理机制产生了一定的影响(例如人与人之间的疏远、冷漠等等),使得普通公众对对外政策问题缺少足够的兴趣,漠视冷战政策给和平带来的危机;另一方面,大众传媒部分有计划地、部分无意识地服务于冷战宣传路线,这强化了普通公众的"思想壁垒",客观推动了美国冷战政策的出台。① 由此可见,左派欲实现政治突破,抛弃媒体改革的做法无论如何都是不合时宜的。

(2)20世纪60年代至70年代,由于民权运动的广泛兴起,传播政治经济学研究者注意到,来自左派的人成为了美国媒体改革运动的主力。他们主张通过抗议、协商、诉讼和游说等方式推动媒体变革。具体的主张包括:争取弱势团体的媒体工作机会与形象的公平呈现,增加争议性政治与社会事件的报道,增加好品质的儿童节目,成立草根传播传达民权、女权和反战信息。② 研究者发现,现代左派与旧左派存在明显差异。旧左派被界定为"一种注定失败的意识形态,甚至是政治专制的代名词"。现代左派则被赋予了新的内涵,罗杰斯(Joel Rogers)甚至将之等同于民主,即更大程度上的民众控制和社会正义。在现代左派看来,资本主义与民主并不是同义语,相反,资本主义和民主的核心原则之间存在冲突。因为资本主义的本质在于强调资本的积累,由此形成的后果是少数人的经济支配,从而给多数人追求平等设置了障碍。但资本主义会通过一系列的方式美化或者是掩盖这一切:会通过经济的自由权利代替政治的自由权利,歪曲一些大众政治行动(如认为这样的运动造成了社会民主的危机),或者是通过公共关系美化市场和现实。为了获得更广泛的支持,现代左派主张将更多的力量纳入其中,如美国的左派就包括女权主义、环保

---

① 刘小红:《大众传播与人类社会:西方传播政治经济学的诠释》,复旦大学博士论文2003年。
② 陈志贤:《电视改革的第三人效果与新社会运动模式》,《新闻学研究》(台湾)2007年第4期。

主义、人权组织,与工会有关或无关的政府反对组织。① 对于该阶段媒体改革运动的效果,相关研究显示,起初部分此类运动在主流媒体获得同情的报道,甚至还在主流媒体的帮助下形成国际性的运动(如世界绿色和平组织)。但更多的情况是被媒体忽视、贬低甚至否认其反主流势力的重要性,从而促使超越或反对企业和国家控制的独立传播网络("另类媒体"或"激进媒体")的建立。② 但这些传播网络在今天又陷入了财政的窘境,甚至遭到了合法性的质疑,因此毋宁说它们更像是一类试验媒体,并迫切需要通过制度性的追认以获取实质的支持,而不仅仅是道义上的盛赞。

(3)20世纪80年代至90年代。70年代末,美国对电讯解除管制。80年代,西欧国家受其影响开始推行广播电视的商业化政策。90年代中期以后,美、英、德等国家先后对广播、电视以及电讯业进一步放松管制,在全球范围掀起了合并、收购、集中浪潮。此举对传媒内容产生影响,引起了人们对媒介自由民主的担忧。研究显示,全国性日报中的专门劳工记者不超过10人,媒体没有对1989年弗吉尼亚等地爆发的罢工进行实质性的报道,对1996年美国几个工会组织组建新的工党不予理睬。直到1997年,AFL – CIO(American Federation of Labor – The congress of Industrial Organization)还希望通过较小的代价在商业电视台播放广告,以及聘请公关公司协调同媒体之间的关系,但这被认为是一种幼稚的做法。在这样的背景下,媒体控制了关于媒体问题和关于左派的辩论,左派和工会被彻底边缘化。鉴于此,传播政治经济学研究者主张:左派完全可以以媒体为教育工具,批评现存社会秩序的弊端,同时向社会展示更加民主的社会图景;可以将媒体改革作为一个联合公民的中介,这些公民包括环保主

---

① 〔美〕罗伯特·麦克切斯尼著,谢岳译:《富媒体 穷民主》,新华出版社2004年版,第390、391、397页。
② 赵月枝、罗伯特·A.汉凯特:《媒体全球化与民主化:悖论、矛盾与问题》,http://www.wyzxsx.com/Article/Class17/200903/72923.html。Zhao Yuezhi & Robert A. Han Kaite (2009). Media Globalization and Democracy: Paradoxes, contradictions and problems[OL]. http://www.wyzxsx.com/Article/Class17/200903/72923.html.

义者、女权主义者、人权活动家、记者、艺术家、教育家、图书管理员、父母以及其他能够从改革中受益的人;最根本的是进行媒体系统的结构性改革,具体措施包括建立公共传媒、规制、反托拉斯等。① 与此相应,一些研究者对传播的多样性进行了更精细的探讨。研究者认为,"多样性"与"多个性"存在明显的差异。"多样性"是一种本质差异化的多数量,"多个性"则是单纯的数量增加。"多个性"通过增加竞争单位即可,比较容易实现,"多样性"的实现则依赖于更彻底的传媒结构改革。② 远在一方的欧洲传播政治经济学研究者默多克和戈尔丁则强调,传播媒介与信息对于完整而有效地行使公民权相当重要,它包括使用尽可能广泛的各个领域的信息(含各种解释和讨论),并能够使用媒介设施以发表意见,能够认识到核心体部门所表达的他们的愿望,并能够传播这种表达。③

21 世纪以来的媒体改革运动和另类媒体实践被传播政治经济研究者视为国际传播领域正方兴未艾的第四波民主化运动,核心是强调可持续性的社会文化传播。一些传播政治经济学者甚至直接参与其中,宣告了其研究者和社会公众的双重身份。新世纪的具体的媒体改革实践包括:2005 年世界信息社会峰会后全球市民社会参与者发表的宣言、美国一些市政府向市民提供更经济的公共无线网络服务的探索、在加拿大商业化经营的公共广播被非商业化(不再播出广告,为听众提供商业广播以外有实质意义的另类选择)、巴西的工人党政府把小型的数字媒体制作系统作为发展文化的物质资源发放给社区、美国的微型社区广播在平民社区生根、网上资源 Wikipedia 成为世界上最大的百科全书(这被视为是对

---

① 〔美〕罗伯特·麦克切斯尼著,谢岳译:《富媒体 穷民主》,新华出版社 2004 年版,第 405、407、411—413 页。
② 〔加〕文森特·莫斯可著,胡正荣等译:《传播政治经济学》,华夏出版社 2000 年版,第 251、252、253、260、261 页。
③ Graham Murdock and Peter Golding. Information Poverty and Political Inequality: Citizenship in the Age of Privatized Communications[J]. *Journal of Communication*, 39(3).

知识新圈地运动的对抗)。① 20世纪末至21世纪初在网上繁荣起来的媒体中心,在2000年的民主党和共和党的三场总统辩论、佛罗里达重新计票,以及"9·11"之后的报道中都发挥了积极影响。② 2003年,旨在增进民众在媒体政策领域的参与,以形成公共利益取向的传播政策的美国"自由新闻"(Free Press)运动成功组织民众,阻止了FCC推行有关放宽媒体所有权上限的政策。③ 但无论如何,传播政治经济学关注国家、资本与传媒的关系,强调传播资源的平等分配,促成社会正义的实现依然任重而道远。传播政治经济学是否需要掀起一场新媒体改革运动,对传播政治经济学的社会实践性如何做出评价,这都是需要我们思考的问题。

三、对传播政治经济学的批判

理论上来说,新媒体改革运动包括"新"媒体改革运动和"新媒体"改革运动。前者是关于媒体改革运动的总体性新主张以及未来发展可能之探索;后者则是关于特定新型媒体(如互联网)的改革运动。作为实践性主张,传播政治经济学主要关注的是"新"媒体改革运动,这可能与传播政治经济学对互联网所持的态度有关。麦克切斯尼就不屑于通过建立左派网站实现媒体社会变革,鉴于互联网被整合进联合媒体中的现状,他认为此举并不能改变左派本身的边缘地位。④ 与上个世纪90年代以来发展传播学关于新媒体与赋权的研究相比,传播政治经济学在"新媒体"研究的内容、研究的系统性方面都显得比较缺乏。但这恰恰表明,传播政治经济学需要从更广泛的传播与社会研究中汲取经验。

---

① 赵月枝:《文化产业、市场逻辑和文化多样性:可持续发展的公共文化传播理论与实践》,《新闻大学》2007年第1期。
② 〔美〕罗伯特·麦克切斯尼:《发动广泛的媒体改革运动》,《比较》2004年第12期。
③ 赵月枝:《西方媒体的新自由主义转型与民主"赤字"》,http://academic.mediachina.net/article.php? id =6326. Zhao Yue – zhi(2010). Neo – liberal transformation of the Western media and democratic deficit[OL]. http://academic.mediachina.net/article.php? id =6326.
④ 〔美〕罗伯特·麦克切斯尼著,谢岳译:《富媒体 穷民主》,新华出版社2004年版,第411页。

传播政治经济学对自我起点的过度强调延误了其社会实践性的进一步展开。传播政治经济学的本质在于其起点,即"在资本主义生产方式中,文化生产(包括大众传播)已经成为创造丰厚利润的工业部门,受到资本主义生产方式的制约,特别是随着新技术的发展,文化、知识、信息成为一种主要的资源的时代,生产方式对它们的限制愈加明显"。① 这一过程伴随的是权力形成的支配与控制。莫斯可批判地吸收了吉登斯的结构化概念(吉登斯忽略了对权力的研究,而资源分配的多寡会涉及权力问题)。结构化概念认为,结构(运行规则和资源库)既制定行为,又为行为所重构。莫斯可特别申明,政治经济学的结构化理念将赋予权力更大的分量,着重考察能动力量如何在结构的、互动的、微观的权力层次上运作。虽然能动力量的行为源于其社会关系和社会地位的母体(包括阶级、种族和性别),但社会表现为能动力量共同塑造了阶级、性别、种族与社会运动的关系,从而引发了结构化活动的总和。② 从中可以看到,传播政治经学已承认支配与控制只是作为一般环境而非一切情境,肯定了能动力量的主体性。从操作性来说,传播政治经济学对能动者的强调意味着他们的媒体改革战略(含策略)包括"自上而下"和"自下而上"的实践路径。如莫斯可本人就将凸显劳工组织和社会运动组织地位的做法视为是从草根历史的角度考察传播权力。③ 此外,传播政治经济学重视生产、分配、消费环节而不仅仅是生产与分配的主张,都表现了对"下层"的主动性关注。而"自上而下"的媒体改革路径则表现为让媒体决策回到知情和同意,保证媒体体系的多样性,服务国民的需要。进一步,媒体改革运动对立法方面的纲领提出了具体建议:把反垄断法律应用到媒体行业;发起正式的、联邦资助的研究和听证会,以分别对待不同部门的媒体所有权管

---

① 刘晓红:《传播政治经济学与文化研究关系的演变》,《新闻与传播研究》2005年第1期。
② 〔加〕文森特·莫斯可著,胡正荣等译:《传播政治经济学》,华夏出版社2000年版,第206—209页。
③ 同上,第87页。

制;在全国建立一系列基层的非营利性的广播电台和电视台;对公共广播进行修补和投资;限制政治候选人广告,或者要求播放机构必须免费播放同等时间长度的政治对手的广告;减少和杜绝针对 12 岁以下儿童的电视广告;通过法律使地方电视新闻非商业化,电视台每日有一个小时的非商业新闻时段,把一定比例的收入作为此类新闻的预算。① 但这样的"醒悟(即强调上下的统一)"是以传播政治经济学与同样持社会批判研究取向的文化研究长达十年左右的对峙和内耗为代价的,这一过程直到彼此都认识到这样的争论没有结果,在辩论的过程中只能陷入"我们是这样的……但并没有否定那样……"的辩解状态的时候,才算基本终结。从中我们也可以看到一些传播政治经济学学者的努力。如莫斯可在《传播政治经济学》中,把政治经济学作为研究的切入点,建立起了通向传播的文化分析的桥梁。在《数字化崇拜》中,则以迷思的分析为基础,建立起了一座通向政治经济学理解的桥梁。② 但"延误"的过程对极具社会实践性的传播政治经济学来说,是认识上的,也是策略上的严重"失误"。

传播政治经济学对优势力量之间的演化关系缺乏关注。传播政治经济学的价值立场在于追求社会公平、正义、民主、多元化等具有普适意义的价值。它的视点始终是审视的:审视是否存在更大的支配,审视乐观中的悲观的一面,审视正常中的不正常,审视平等中的不平等,审视合理中的不合理,审视必然性中的偶然性。这种审视使得传播政治经济学保持了对支配力量(以及伴随的权力)的警惕,对所谓主流的警惕。传播政治经济学在追求其价值过程中,并不认为这些价值的实现是一个线性发展的必然结果,而是各种力量间不同性质的互动的结果。其间,使用传播资源的便利性会因社会资源的差异而不同。占据相对优势的一方往往会通过一定的方式(如意识形态支配)让不平等自然化。因此,传播政治经济

---

① 〔美〕罗伯特·麦克切斯尼:《发动广泛的媒体改革运动》,《比较》2004 年第 12 期。
② 〔加〕文森特·莫斯可著,黄典林译:《数字化崇拜》,北京大学出版社 2010 年版,第 6 页。

学主张相对劣势的一方发挥其主体性,利用尽可能的方式(如亲近者联盟、创造新的媒体、参与传播)实现力量的均衡。但传播政治经济学似乎没能注意到这样一个可能的事实:各种支配力量之间的合作性和反合作性,特别是反合作性为非支配性社会力量提供了主体性复苏的契机。比如,特定历史阶段的国家与市场之间存在微妙而复杂的关系,它们不时地为传播政治经济学的社会实践打开了大门。因此,关注特定情境之下优势力量的演化关系应当是传播政治经济学未来所不应忽视的方面。

传播政治经济学对新兴转型国家的传播转型研究有待加强。王爱华将新自由主义在中国的应用视为是国家的政治理性和治理术实践,强调了"作为例外的新自由主义"(特定人群或地区受制于新自由主义逻辑)和"新自由主义的例外"(特定人群、地区或部门被排除在新自由主义逻辑之外,以保护某些群体的利益)。传播政治经济学学者赵月枝接过这样的议题,相对而言更细致地注意到了中国政治传播转型中媒体从领土逻辑到资本逻辑的重组变化,以及由此表现出的国家对传媒改革的犹豫与媒体"私有化"的各种情状(单纯的私人控制、公私合营或私人获得股权)。[①] 与对发达资本主义国家的关注程度相比,传播政治经济学对新兴转型国家的传播转型研究相对不足。莫斯可概括了基于新技术和政治资源从斗争政治向新政治的转变,"公民不再拥有相对固定的阶级地位,相反,他们对民主活动的直接参与所依赖的身份,在本质上也许只是一种相关联的临时性位置的副产品。这样,一个新的以网络为基础的社会网络化进程——能够灵活地跨边界发挥影响——至少使得人们相互依赖和融合的新政治梦想变为现实"。[②] 但在总体上,莫斯可将此视为不过是扩展了赛博空间的迷思世界,最根本的是,他认为它只是迷思产生进程中的一次新瓶装老酒:反复终结的迷思而已。即便是我们并不打算加以讨论的

[①] 赵月枝:《选择新自由主义的困境》,《二十一世纪》(香港)2008年第6期。
[②] 〔加〕文森特·莫斯可著,黄典林译:《数字化崇拜》,北京大学出版社2010年版,第106—109页。

欧洲政治经济批判学者如默多克(Murdoch, G.)和戈尔丁(Golding, P.),同样也对数字革命的普世运动十分存疑。在他们看来,"日益增加的证据表明,它在增加特权者的优势而将边缘穷困者有系统地排除在外"。① 事实上,莫斯可也好,默多克和戈尔丁也好,他们都看到了新媒体带来变化背后的社会狂躁,但无一例外地不能(或尚没有)看到微博这种社交新媒体给中国与给西方发达国家带来的重大差异。因为对中国管控制度来说,可以肯定的是:微博是以"例外"的方式实现了其社会政治化生存,它为社会的崛起提供了这样一种重要的话语行动空间,成为了推动中国社会民主化进程最为耀眼的媒介因素。

当然中国国内一些新左派也对许多打着"自由主义"旗号的知识分子进行了批判,认为其把市场过程抽象化,抹杀市场制度的形成与权力的关系,从而有意或无意地站在垄断利益或特殊利益集团一边讨论中国问题。并认为他们的抽象的"市场"概念掩盖了中国社会和当代世界的严重的社会不平等,掩盖了改革过程中的急剧的社会分化,掩盖了这一社会经济过程与政治的内在的、不可分割的联系。② 虽然将这一批评不加保留地直接用之于对传媒的评价有些武断,但这种敏感性有利于人们对媒体改革保持警惕。比如中国在推行传媒市场改革的时候,一些人认为中国收费电视之所以发展不起来的原因在于免费电视太丰富。按照这种归因思路的话,是不是要完全取消免费电视,或者削弱免费电视才能形成发展收费电视的良策呢?同样,在推进数字电视的时候,当初也存在谁来付钱推行电视数字化的问题,其间一度还出现了各种推行模式。有线电视公司出钱?政府出钱?家庭出钱?为了让家庭出钱,一种极端的观点甚至主张直接关掉模拟电视信号。而在微博社会中日益被强化的国家与社会、官与民、精英与大众的对峙和原初支配性地位被消解的现实,加剧了

---

① 转引自赵月枝:《传播与社会:政治经济与文化分析》,中国传媒大学出版社2011年版,第260页。
② 汪晖:《〈死火重温〉跋》,《中国与世界》(香港)2000年第3期。

对微博社会传播进行规制的热望。但有一点可以肯定的是,不同的模式也好,极端的观点也好,规制的程度也好,都反映了不同的利益观照。人们对此可以质疑,究竟为了谁的利益?谁能获得最大的利益?这需要在政策制度层面上做出明确的回应,而不是跳过这一阶段后,在"制度预置"前提下进行讨论和改进,或者是进行所谓的"不断完善"。

四、深化传播政治经济学的实践性

对媒体改革运动的关注甚至是直接参与,彰显了传播政治经济学的社会实践性,也表明传播政治经济学并非一般性的学术自足性研究。传播政治经济学主张重返阶级权力,从现实主义的、兼容并蓄的(非本质主义的)、批判的认识论出发,采取社会过程和社会变革无处不在的立场,发展建立在商品化、空间化、结构化过程之上的实质论观点,谋求知识活动组织起来促进社会现实的改革,争取使所有的人获得更大福利。[①] 在确保社会整体性研究的情况下,传播政治经济学注重社会关系发生重组的可能,发掘社会能动力量的多重形式。特别是在社会与媒体双重转型的背景下,应重视包括微博在内的新的试验场所带来的机遇。

传播政治经济学又是公共性的传播学。尽管媒体改革运动事实上充满了曲折,但传播政治经济学以其独有的方式和持续性的关注及实践提供了另一种传播实践的可能,颠覆了传播实践的本质主义话语。传播政治经济学要推进实践的深度,还需与社会媒体改革运动建立起更紧密的互动关系。它对后者的意义不仅是反映式的,更应是干预的、参与的、组织的行动者。为了突破乌托邦主义的陷阱,传播政治经济学的社会实践性还需要强调传播的社会嵌入性,包括嵌入的社会制度特性、全球化背景、社会历史遗产、社会分化现状,从而在历史的、具体的条件下提出具体

[①] 〔加〕文森特·莫斯可著,胡正荣等译:《传播政治经济学》,华夏出版社2000年版,第263、264页。

诉求和主张,最终面向一个可以实现的更好未来。

最后,当传播政治经济学者对"媒介改革家们还陷于派系纷争的时候,媒介大亨们正不断兼并、整顿、融合,他们运用其不断增长的经济影响力'改革'传播法"表示焦虑,并在"学术研究与社会运动参与两个领域,始终活跃着洋溢政治热情与学术坚韧性"的情形下,[①]依然需要注意:传播政治经济学的实践理论与现实的媒体改革运动之间还主要处于一种前者对后者的反映、说明、甄别运动价值的关系中,今后更密切的互动关系会如何,应如何评价这种互动效果?更清晰的说明取决于传播政治经济学的社会实践性展开的程度,也有待于借助其他研究方法进行有效把握。

第三节 互联网与群体性事件[②]

"网络媒介事件,这既是社会变迁中社会问题的集中体现,也构成了当下社会议题中的热点乃至焦点。媒介事件已成为中国社会变迁中的重要议题。"[③]人们对包括微博事件在内的网络媒介事件的重视,从根本上源于网络媒介事件是中国社会问题的具体而重要的传播表现形态之一。

中国有关互联网与"群体性事件"的研究是从20世纪初才开始的。"群体性事件"向媒介的转移和演变体现了传媒科技对社会影响的增大。探讨互联网与群体性事件的关系不仅体现了学术与社会风险治理实践的关联性,也反映了人们对其间可能发生或者已经发生变化的学术自觉。

一、"群体性事件"、"网络群体性事件"与"新媒体事件"

很多研究者在进行互联网与"群体性事件"研究的时候已经把"群体

---

① 曹晋、赵月枝:《传播政治经济学(英文读本)》,复旦大学出版社2007年版,前言。
② 有关探讨还可参见谢进川:《互联网与群体性事件研究述评》,《现代传播》2010年第8期。
③ 师曾志:《网络媒介事件研究现状》,《社会科学报》2010年9月3日。

性事件"、"网络群体性事件"当成了无争议的前置性概念,因而缺乏对这些核心概念进行必要思考。但事实上,研究者理解的核心概念是有差异的(甚至是较大的差异),这直接导致了对同一事件的不同归类,或者是对同一事件的不同称谓。因而,有必要梳理相关的几个基本概念:"群体性事件"、"网络群体性事件"、"新媒体事件"。

关于"群体性事件"。一般认为,"群体性事件"是指由社会群体性矛盾引发的、形成一定的人数规模、造成一定社会影响的事件。[①] "群体性事件"在中国经历了从政治性含义向法律性含义,再到社会性含义的转换过程。作为政治性含义的"群体性事件"被称为"群众闹事"、"聚众闹事",主要流行于20世纪50年代至70年代末。作为法律性的"群体性事件"先后被称为"群众性治安事件"、"治安紧急事件"、"突发性治安事件"、"紧急治安事件"、"群体性治安事件",主要流行于20世纪80年代至21世纪初。直到2004年,作为社会性含义的"群体性事件"概念才出现,并首先是以官方文件的形式加以确认。2004年8月11日,中共中央办公厅、国务院办公厅转发《关于积极妥善处理群体性事件的工作意见》,明确提出了"群体性事件"这个概念。2006年10月11日,中国共产党第十六届中央委员会第六次全体会议通过《中共中央关于构建社会主义和谐社会若干重大问题的决定》。在谈到要统筹协调各方面利益关系,妥善处理社会矛盾时,《决定》指出,要"着力解决土地征收征用、城市建设拆迁、环境保护、企业重组改制和破产、涉法涉诉中群众反映强烈的问题,坚决纠正损害群众利益的行为。坚持依法办事、按政策办事,发挥思想政治工作优势,积极预防和妥善处置人民内部矛盾引发的群体性事件,维护群众利益和社会稳定"。《决定》强调了在社会结构和利益格局的发展变化的背景下,群体性事件与利益协调机制、诉求表达机制、矛盾调处机制、权益保障机制之间存在的关联。

---

① 刘晓锋:《试论群体性事件的特点及治理对策》,《侦查》2001年第4期。

关于"网络群体性事件"。比较具有代表性的一种观点是将"网络群体性事件"界定为"在一定社会背景下形成的网上的群体为了共同的利益,利用网络进行串联和组织,公开干扰网中网外秩序,干扰网络正常运行,造成不良的社会影响,乃至可能危及社会稳定的集群事件"。① 另一种观点则认为,"网络群体性事件是群体性事件的一种新的特殊形式。它是指在一定社会背景下形成的网民群体为了共同的利益或其他相关目的,利用网络进行串联、组织,并在现实中非正常聚集,扰乱社会正常秩序,乃至可能或已经产生影响社会政治稳定的群体性非正常事件"。② 两种界定的共同点是强调特定主体(不区分与事件本身的实质关联性的网民群体)、互联网的工具性(表现为手段)、危害性(如干扰网络运行、扰乱秩序、影响政治稳定)。但上述两种关于"网络群体性事件"的界定方式存在明显的弊端:过分强调互联网的工具性、危害性,遮蔽了"网络群体性事件"更丰富的社会性含义。同"群体性事件"的界定历程的第三阶段相一致,有必要对"网络群体性事件"的含义进行修正。即"网络群体性事件"是在互联网上因特定议题(包括事件)引起,不特定人群规模性参与的、造成一定社会影响的事件。

关于"新媒体事件"。这一概念主要是由中国港台一批学者借鉴美国学者丹尼尔·戴扬和伊莱休·卡茨的"媒介事件"概念所形成。研究者认为,所谓"新媒体事件",即是"经过以网络为主要代表的新媒体的广泛参与和传播而造成重大社会影响力的事件"。③ 概括起来说,这些研究主要强调的是两个特征,一个是形式上的新媒体技术特征,一个是实质性的社会意义特征。在技术层面上,"新媒体"区别于卫星电视,是新兴的

---

① 揭萍:《网络群体性事件及其防范》,《江西社会科学》2007 年第 9 期。
② 杨久华:《试论网络群体性事件生成模式、原因及其防范》,《南通航运职业技术学院学报》2009 年第 2 期。
③ 陈浩:《新媒体事件中网络社群自我赋权的因由与路径剖析》,《新闻前哨》2008 年第 12 期。

网络媒体。① 就实质性特征而言，它是"媒体内容、话语权、主体性的变迁，是网络社会的进一步发展和转型"。② "新媒体事件"主要包括四种常见的种类(types)：民族主义事件、权益抗争事件、道德隐私事件、公权滥用事件，各种类之间也存在一定程度的互换、结合与互动。③

因此基本上可以得出结论："群体性事件"、"网络群体性事件"、"新媒体事件"三个概念在当今的使用中都保持了其社会性含义。相对而言，"网络群体性事件"、"新媒体事件"更强调"事件"的不确定性影响(抑或带来不良后果，抑或形成新的可能性)。但"网络群体性事件"、"新媒体事件"有较大程度的重合。实际上，能够成为"新媒体事件"的，总是伴随不特定规模的人群参与。但考虑到"新媒体"是一个对传媒技术发展的概括性称谓，并不具备比较稳定性的内涵(如电视过去也称为新兴媒体)，使用"网络群体性事件"更合适。主要原因在于，它强调了稳定性的媒体形态、参与群体的规模性、"事件"的不确定性影响。

二、当下研究的基本现状

对"群体性事件"的界定反映了逐渐的政治脱敏，从负面性界定到中性界定的过程。如"治安事件"的正式提出，始见于1980年7月5日国务院批准、7月15日由公安部公布施行的《人民警察使用武器和警械的规定》。该规定第五条规定："人民警察在执行逮捕、拘留、押解人犯和值勤、巡逻、处理治安事件等公务时，可以根据本规定，使用武器和警械。"按照该规定，"治安事件"的种类包括"打砸抢、聚众骚乱和结伙斗殴事件"。80年代末，虽然"治安事件"被"突发事件"的提法所取代，但公安部在《关于处置各种突发事件的几点意见》中的"突发事件"涉及的范围依然

---

① 杨国斌：《悲情与戏谑：网络事件中的情感动员》，《传播与社会学刊》(香港)2009年第9期。
② 邱林川：《新媒体事件与网络社会之转型》，《传媒透视》2009年第2期。
③ 邱林川、陈韬文：《迈向新媒体事件研究》，《传播与社会学刊》(香港)2009年第9期。

是"群众性治安事件"、"政治性突发事件"和"暴力性犯罪"。几年后,暴力性犯罪(劫持、爆炸等)、政治性质事件(骚乱、暴乱等)才被排除在外。直到 2006 年 10 月 11 日,中国共产党第十六届中央委员会第六次全体会议通过《中共中央关于构建社会主义和谐社会若干重大问题的决定》,将"群体性事件"界定为人民内部矛盾,才强调了诱发群体性事件的广泛的社会构成性原因,并彻底地抛弃了政治、法律的单一界定框架。于是,"群体性事件"的称谓变得相对中性化。

概念界定的变化使得学术的探讨变得开放,伴随的是学术研究群体构成的变化。主要表现为研究探讨从政法领域扩展到管理学领域、社会学领域。特别是后者,对群体性事件的探讨更为广泛和深入,涉及"群体性事件"发生的根源、发生的机理、群体性行为特征以及政府对策等层面。从整个学术研究来看,代表性的如 2000 年,李忠信主持的国家软科学项目"群体事件研究",成果为《群体性事件研究论文集》(2001);2002 年,中国行政管理学会课题组主持的国家社会科学基金项目(政治学类课题)"中国社会转型时期群体性突发事件对策研究",出版了《中国转型期群体性突发事件对策研究》(2003);2002 年,陈晋胜主持的国家社会科学基金项目(法学类课题)"群体性事件研究",出版了《群体性事件研究报告》(2004)。2006 年,朱力主持的国家社会科学基金项目(社会学类课题)"我国重大社会性突发事件社会管理研究",出版了《我国重大突发事件解析》(2009)。2008 年,白寅主持国家社会科学基金项目(新闻传播学类)"数字媒介信息传播引发的集合行为及其防范",发表了相关论文成果《网络流言传播的动力学机制分析》(《新闻与传播研究》,2010 年第 5 期)。2013 年,仅新闻传播学科的国家社科基金就资助了包括《环境群体性事件网络舆论传播与演变机制研究》等 8 个项目。从中可以看到,国家对"群体性事件"的研究投入明显,整个研究群体也具有多学科特征。

在论文方面,通过 CNKI(中国知网)标题检索"群体性事件",从 2000 年到 2013 年共计 757 篇,其中 2000 年 5 篇,2001 年 10 篇,2002 年 3 篇,

2003年8篇,2004年9篇,2005年29篇,2006年22篇,2007年29篇,2008年29篇,2009年107篇,2010年156篇,2011年121篇,2012年129篇,2013年114篇。2009年后,"群体性事件"研究数量上升趋势比较明显。

对于互联网与群体性事件,标题直接包含"群体性事件"和"网络"的论文而言,从2000年到2013年共计17篇,其中2003年1篇,2005年1篇,2009年3篇,2010年7篇,2011年6篇,2012年13篇,2013年17篇。徐乃龙的《群体性事件中网络媒体的负面影响及其对策》(2003)是有关互联网与"群体性事件"研究较早的文章。该论文从互联网的技术传播特征(网络媒体的多样性、开拓性,其传播的速度快、范围广、自由度高、难以监控)出发,探讨了互联网在"群体性事件"发生过程中容易产生不真实和不恰当的报道,给事件的处置增加困难,甚至致使事件恶性发展。揭萍的《网络群体性事件及其防范》(2007)界定了网上的群体(指一种心理群体,是与地域的和社会的群体相关的心理群体),将"网络群体性事件"的特征概括为虚拟性、广域性、变异超常性、身份不定性、虚实互动性,主张对"网络群体性事件"的处置要坚持系统性原则、整合资源原则、预防为主原则。彭知辉的《论网络与群体性事件》(2008)就网络对"群体性事件"到底是推动功能还是引发功能进行了讨论。张志恒的《网络在群体性事件中的积极作用》(2009)分析了网民的构成与"群体性事件"的关系,结合互联网的使用现状,论文探讨了网络的预警、沟通和引导功能。杨久华的《试论网络群体性事件生成模式、原因及其防范》(2009)归纳了网络群体性事件生成模式(网络舆论引发模式、网络谣言泛滥致群体性事件恶化或失控模式、利益受损群体利用网络发动模式、敌对势力利用网络发起群体性事件模式),对网络群体性事件的发生原因、防范网络群体性事件的策略进行了探讨。

互联网与"群体性事件"研究的总体特点可以概括为:

(1)理论模式匮乏与单一。有研究者总结指出,网络在群体性事件中的功能研究是2008年以前该领域研究的一个焦点问题。① 但鉴于研究规模小得可怜,毋宁说是在研究起步阶段的关注点。这时候研究者的共同特征是,基本遵照的是同一研究理论模式,即社会功能论模式。该模式强调某一事物对特定结构体所产生的可观察的客观结果,它可能是促进了结构体的运行,或者是相反。邓国峰的《网络时代的高校师生关系与校园网络群体性危机事件》(2005)对研究的领域有所拓展,关注的是特定的高校领域,重点是校园网络群体性危机事件对高校师生关系的影响,认为存在的主要原因在于网络匿名导致的非角色化需求。邓燕的《论网络舆情对高校群体性事件的影响》(2009)再次聚焦于高校,在已有的舆情概念基础上,对网络舆情进行了界定,认为网络舆情就是指在一定时期内发生在互联网空间中,围绕一定中介性社会事项的发生、发展和变化,所引发的网民和其他社会公众政治态度重大变化及其舆情传播、影响的态势。论文分析了网络舆情的特征(复杂性、交互性、即时性、难控性)、对高校群体性事件的影响(导火索、催化剂、绊脚石)。但两篇论文就探讨的深度而言依然有限。后来者逐渐地增加,希望改变这种局面,于是开始引入政治学、社会学的相关理论进行分析,典型的如西方社会运动理论。但从目前来看,似乎又过于集中地应用此类理论框架,导致理论框架本身比较单一。

(2)政策指导型研究比较明显。学者潘忠党概括了学术研究中的三种类型问题:政策指导型问题、现象描述型问题和理论建构型问题。按照他的观点,理论建构型问题就是以理论为指导、以理论建构为目标的问题。而学术研究的核心就在于提出问题,包括启示、预警和反诘实践者,以实现理论建构为目标,这些问题的独立不仅是批判的基础,而且关系到"学"。② 与此对照,现有的互联网与"群体性事件"研究虽不乏一些对现

---

① 贾宝林:《网络与群体性事件研究述评》,《南京政治学院学报》2009年第3期。
② 〔美〕迈克尔·舒德森著,陈安全译:《广告,艰难的说服》,华夏出版社2003年版,总序。

象作深入描述的研究,但在理论建构方面的不足较为明显。

（3）研究的议题还不够丰富。多数研究主要致力于网民特点、互联网的功能、具体的对策。作为少数例外,代群等的《"网络群体性事件"的现实考验》(2009)指出,"网络群体性事件"的新趋势表现为从"说说就罢"到"不处理就绝不罢手"的公民政治意识、参与意识的凸显,文章对两个"网络舆论场"(官方网络舆论场、民间网络舆论场)、基层干部的适应性(对网络,基层党组织"进不去",思想政治工作"进不去",公安、武警等国家强制力"进不去")进行了探讨。论文经验性调查特征明显,有一定的发现,但还有整合和深入的余地。最近几年,有关互联网群体性事件的机制、影响因素分析,互联网群体性事件与抗争政治等议题逐渐得到关注。但该研究要在宏观议题、中观议题和微观议题实现比较均衡分布的话,还尚待时日。

（4）研究群体的学科背景比较单一。对比"群体性事件"的研究,互联网与"群体性事件"的研究在较长一段时间里基本上处于起步阶段。也正因为如此,一些传播学者还在不断地对网络群体性事件进行界定和类型分析。[①] 而社会学者较早关注"群体性事件",但与互联网结合研究的缺席也表明该学科研究者对此缺乏必要的注意,这在一定程度上削弱了整体学术研究的实力。但最近几年在国家社科基金课题分布中,这项研究在社会学学科、政治学学科和新闻传播学学科都有一定的分布,使得研究群体的学科背景比较单一的情况有所改变。但三者之间如何实现学科的对话进而促成这一研究领域的深化,仍然有待进一步的努力。

三、未来研究的选择

互联网与"群体性事件"的研究总体上可以从两个路径展开:一是"群体性事件"在互联网的社会传播研究;二是"互联网群体性事件"研

---

① 关于此研究可参考杜骏飞:《网络群体事件的类型辨析》,《国际新闻界》2009 年第 7 期。

究。二者的区别在于,"群体性事件"在互联网的社会传播研究关注的起点是现实既已发生的"群体性事件",探讨的内容包括该事件经由谁传播、传播的方式、传播的社会效果、传播效果与"群体性事件"的互动等方面;"互联网群体性事件"研究关注的起点是特定话题的生成(但尚未形成群体性的规模聚集),探讨的内容包括特定话题的初始传播、参与主体的群体特征、传播的方式、传播的社会效果、向现实的转移趋势等。

在研究的层次上,可以先从个案事件入手探索各自的传播特征,进而凸显"群体性事件"传播的丰富肌理。在此基础上,进一步实现对"群体性事件"传播中所涉及的基本概念、传播机制、群体互动模式、历时性梳理、不同社会比较等中宏观层面进行界定、归纳和说明。

在具体的研究方面也需强化,紧要的是理论框架的应用、本土化意识。具体描述如下:

(1)深化现有理论框架的应用。尽管社会功能论自觉不自觉地成为现有研究者的研究框架,但不少研究者缺乏对框架的自觉把握(即根本不提及自己的研究理论框架)。一些研究者即使提及该理论框架,但也缺乏有效展开。社会学者默顿提出了与功能分析相关的一组概念:正功能、负功能、非功能、显功能、潜功能、功能替代等。[①] 在他看来,关注作为未被意料到和未被广泛认识的社会后果和心理后果的潜功能,比关注显功能的结果体现着更大的知识增长。在已有的互联网和"群体性事件"分析中,更多研究局限于正功能与负功能的分析。由于习惯性的二元思维使然,从中很少看到研究者们对潜功能、功能替代、非功能(即与社会结构体运行无关的后果)进行敏锐的分析。最起码,我们可以先确认有还是没有。如果出现了,在什么样的情形下出现?具体表现为怎样的内容?这样的分析才是相对深入和细致的。否则,很容易将功能分析变成简单的

---

① 〔美〕罗伯特·默顿著,唐少杰译:《社会理论和社会结构》,译林出版社 2006 年版,第113、149 页。

罗列条目。与传播学界的研究不同,社会学者研究的范式比较多元化,除了功能分析外,还包括社会冲突论范式在内。社会学者将群体性事件视为我国当下社会冲突的主要表现形式,分析了社会冲突的主要类型(经济型的直接冲突与社会型的间接冲突)、社会冲突的趋势(总体上是上升)、冲突的主体(利益受损群体与利益获得群体)、冲突的性质(以经济领域的利益性冲突为主,具有可协调性)、冲突处理的社会成本(冲突矛盾复杂,处理的成本升高)。① 但社会学者受关注范围所限,并没有用该理论范式对互联网与"群体性事件"进行分析。在未来的研究中,如果使用社会冲突论框架的话,可以特别关注事件经历者在"群体性事件"不同阶段对冲突的理解这方面的研究。原因是,目前的互联网与"群体性事件"研究中,没有特别观照事件相关主体的主体性(特别是主体的自我理解)。这是不是研究中的"精英主义取向"呢?甚至是研究者中心主义下的过度解读呢?传播学的研究经历了效果研究、文本研究、受众研究的起伏,其间很大的学术争论无非也是围绕有关主体性的缺失而展开的。既然有了这样的研究历程,研究者在互联网与"群体性事件"研究中理应避免重蹈覆辙。

(2)研究者的本土化意识有待强化。不少研究者用西方的集合性行为对"群体性事件"进行分析,但单纯的拿来主义意图比较明显。表现为仅仅是用来进行概念界定,并没有对该理论存在的不足进行有意识的思考。在有关中国农民群体的利益表达机制研究中,已经发现底层积极分子在其中发挥了重要的草根动员作用,它不是碎片化的,但也不表现为正式组织的形式和专业化技术特征。② 同时,"群体性事件"的频频发生也与中国特定的社会政治文化背景有关。在所有已经发生的"群体性事件"中,近些年比较明显的一类是经济纠纷类"群体性事件",如农民工讨

---

① 朱力:《中国社会风险解析:群体性事件的社会冲突性质》,《学海》2009年第1期。
② 应星:《草根动员与农民群体利益的利益表达机制研究》,《社会学研究》2007年第2期。

薪。理论上讲,工人和企业主的经济纠纷应该通过法律起诉的途径或者劳动仲裁的途径加以解决,但农民工选择"群体性事件"一定程度上也与"中国各级政府长期充当着全能主义政府的角色及缺乏法治精神有关,与经济纠纷利益受损者深谙'小闹小解决,大闹大解决,不闹不解决'的管治逻辑"有关,①加之地方政府受到来自上面的考核要求,会延迟关于"群体性事件"的政治脱敏过程,从而会对"群体性事件"给予特别关注。这些都可能导致利益受损方往往选择非正常途径,导致"群体性事件"的发生。在互联网得到比较普遍的社会应用,并显示出越来越大影响力的时候,利益受损方在前述的问题治理逻辑下会有进行事件扩散的本能冲动。为了实现互联网传播的最大化,对拥有一定的互联网资源,掌握了一定的传播技巧的利益受损人来说,会有策略地"邀请"更多的人加入进来。比如利用信息的不对称故意诱导、通过受害者叙事的方式获取同情、变换身份发言形成舆论的螺旋效应,甚至发布部分虚假信息以突出自我行为的正当性等。这种原本非常态的治理逻辑一旦被常态化之后,往往带来较多的社会问题。除了政府的社会资源被浪费和不合适地被挪用外,也同时削弱了司法机关的社会公信力,并诱发更多的社会信任危机。但以上的探讨如果从受损群体更微观的动机进行分析的话,除了"闹事"的动机外,还可赋予其更中性的名称——"自力救济"。一些研究者直接将之界定为人们主观地认为自己的权益受损,社会正义不能伸张,因而采取法律之外的群体性行动(如示威、街头抗议、封锁)。② 这也反映了社会尝试理解"群体性事件"的"合情性"。但从本质上来说此举并非值得社会提倡。主要原因在于,"自力救济"一定程度上带有"自我正义"的特征。"自我正义"是贝克在论及"9·11"后的世界风险社会的恐怖袭击中提出的。自杀性恐怖袭击者"他们在试图充当检察官角色、法官角色和立即执行权

---

① 于建嵘:《群体事件:想说少点不容易》,《南方周末》2009年12月31日。
② 吕世明:《警察对群众事件的应有认识》,《世界警察参考资料》1989年第6期。

力的执法者角色以维护所谓的正义的时候,制造了现代闻名世界的惨案和灾难。这种典型的自我正义在国际关系中必须得到克服。即使人们在处理国家与国家之间的关系时候,在克服所谓的自我正义方面还并没有做好充分的准备"。① "群体性事件"中,受损群体采用的多数方式虽然不至于达到毁灭或伤害社会其他人群的程度,但其包含的"自我正义"逻辑如果与社会正义不一致,将导致一系列不同程度的社会后果。一些人采取一些极端的手法以获得"自我正义",由此带来的问题是解决问题的个案性或个人化趋势,并可能导致社会运行成本增加。

第四节 传播民族志研究②

民族志研究始于20世纪初文化人类学对异民族文化的考察,英国人理查德·霍加特的《文化的用途》(1958)是把民族志方法移植到文化研究中的始作俑者。③ 与媒介的消费向家庭渗透有关,20世纪70年代末期开始,西方媒介消费研究纷纷使用民族志方法。20世纪80年代之后,西方采用民族志进行受众的研究越来越兴盛。④ 如今,在社会科学研究的民族志转向背景下,民族志还广泛地应用在新闻生产,以及包括微博在内的各类媒介传播研究中。这一整体的传播研究取向我们可以概称为传播民族志研究(communication ethnography)。对中国而言,传播学是一个舶来的学科,而在传播民族志方法的应用方面,目前同样是西方学界走在前

---

① 〔德〕乌尔里希·贝克:《"9·11"事件后的全球风险社会》,载薛晓源主编:《全球化与风险社会》,社会科学文献出版社2005年版,第18、26、27页。
② 有关探讨还可参见谢进川:《西方关于传播民族志研究的几个关键议题分析》,《阴山学刊》2013年第5期。
③ 郭建斌:《民族志之于传播研究的实践话语》,http://www.studa.net/xinwen/060513/15452996-2.html。
④ 林福岳:《阅听人地理学——以"民族志法"进行阅听人研究之缘起与发展》,《新闻学研究》(台湾)2008年第52期。

面。鉴于此,有必要对西方传播民族志研究的几个问题进行梳理和一定的分析。

一、民族志研究的目标

一些研究者称,民族志研究中的所有人类的行为及其思想的样态都是被诠释的,或认为它就是用来展现某个世界的社会行动如何在外人眼光中产生意义。[①] 但这样的观点有失偏颇。实际上,民族志要求研究者深入某个特殊群体的文化之中,从其内部提供有关意义与行为的解说。[②] 具体来说,民族志专注于以当地文化持有者的观点来看待事物,或言说一个"内部世界"是什么(包括客观性事实和主观性事实)的问题,而不是所谓的"外人眼光"。即民族志是作为研究者的"外人"对一个"他者生活"的逼近并被接受,达到"外而不外"的"融入"效果。换句话说,研究者使用的原材料应该与其文化持有者的文化状况相吻合。[③] 因而在"调查对象以自己构成的方式"还是"学者构成的方式"提供资料的路径上,主要地倾向于前者。

既然民族志在于"从内部提供有关意义与行为的解说",那民族志研究的目标就是意义阐释么?阐释的词源学追溯表明,阐释所针对的对象就是历史文献和外来文化,从而阐释行为就是具有中介意味的传达者。[④] 但阐释学的发展历史也表明,阐释在它的主张者眼中并非仅仅是一个单纯的认识工具。对尼采(Nietzsche, F.)而言,如果世界存在"事实"的话,那也是作为"存在的阐释"本身,进一步,尼采将不断改变的阐释以及阐

---

① Sperber, D. & Agar, M. H. 的观点,林福岳:《阅听人地理学——以"民族志法"进行阅听人研究之缘起与发展》,《新闻学研究》(台湾)2008 年第 52 期。
② 〔美〕约翰·费斯克等编撰,李彬译:《关键概念:传播与文化研究辞典》,新华出版社 2004 年版,第 98 页。
③ 〔美〕克利福德·格尔茨著,王海龙、张家瑄译:《地方性知识》,中央编译出版社 2004 版,第 73 页。
④ 同上,导读一,第 2 页。

释的丰富性视为拥有自因的且自由的个体的表征。① 同时,即使作为一个认识工具它也裹挟了内在的矛盾。作为阐释人类学的代表人物,格尔茨(Geertz,C.)一方面认为,人类学研究比起解码员的工作更像是文学批评;另一方面,他又强调阅读出那些"倏然而过的例子"背后的"模式化行为"。② 显然,文学批评的"散漫性"和"模式化行为"的"固定性"之间存在巨大的张力。这可能也是格尔茨之后不断调整方向,提出文化集体授权的观念并孜孜以求地探索获取地方性知识的内在动力。大概也正是因为如此,才会有人将阐释学视为"一种有局限性的和最终令人不满意的形式"。③

因此,民族志研究的目标主要在于发现多重知识而非单一地阐释多重意义。无论是作为"结果的知识",还是作为"发现知识的过程"都是如此。作为"结果的知识",人类的社会系统并不仅仅是象征系统的,因而其知识也就不仅仅是意义的。作为"发现知识的过程",也并非总是意义探寻,而是涵括诸多事实的呈现,包括不曾有所"察觉"的事实。传播民族志的代表人物莫利(Morley,D.)认为,研究过程其实是一个很少被打开的黑匣子,它存在不确定性和突发情况。在有关"家庭电视"的研究中,莫利原本要讨论电视收视行为的阶级差别,但事后的发现却是性别差异。因此,他推崇那种在做某些事情时候的"没有方向的状态"以及"不可预测的瞬间"。对于阐释的多义性,莫利也持谨慎态度,"因为这种多义性诠释常常变成了研究者用来掩盖个人观点的面具,以至于消解了受访对象原来的声音"。④ 同样,作为"发现知识的过程"也体现在《意义的输

---

① 〔英〕奈杰尔·拉波特、乔安娜·奥弗林著,鲍雯妍等译:《社会文化人类学的关键概念》,华夏出版社 2005 版,第 176 页。
② 〔美〕克利福德·格尔茨著,韩莉译:《文化的解释》,译林出版社 1999 版,第 12 页。
③ 〔美〕杰弗里·亚历山大著,贾春增译:《社会学二十讲》,华夏出版社 2000 版,第 226 页。
④ 〔英〕戴维·莫利著,郭大为译:《传媒、现代性和科技》,中国传媒大学出版社 2010 年版,第 64—68 页。

出》的作者利贝斯(Liebes,T.)的研究中。① 利贝斯采用准民族志的方法研究《达拉斯》节目在家庭中的接受情况,他原初考虑的是文化帝国主义及其内涵问题,以及以色列不同种族群体是否能够使用《达拉斯》节目所展现出来的异域文化来反思与重新定位他们自己的身份。利贝斯的研究发现,同一个小组中的同一位观众可以不断地在各种不同的发言身份(如以色列人的身份、生活在以色列的阿拉伯人身份,或者是以妻子与母亲的身份)之间与各种不同的类型的论述框架(即参照的、游戏的、意识形态的、美学的)之间转换。

正是在上述意义上,传播民族志研究承认不同传播群体的文化差异、行为和符码模式的不同,②但涉及的方面则不限于象征符号系统及其相关意义,而是广泛延伸到传播过程的细节,检验行动的动态、日常生活的机制,个人和群体的社会意义生产和消费的运作情形。③

二、地方知识及其二重性

关于多重知识的区分涉及其所采用的视角,比如社会性和个体性视角、主观性与客观性视角、社会性建构与主体性建构视角等。这里从地方性和全球性视角出发,并强调地方知识及其二重性特征。

在传播民族志研究中,莫利较早地关注到全球背景下地方知识的特殊地位。莫利表示,"对于处理类似'全球化'这样的问题,我们应该发展区域化理论来研究这个普遍化过程在不同的社会脉络下有什么不同的表现方式。或者说,我们要致力发展'扎根理论'(Grounded Theory),这样才可以提出适合特定情况和脉络的分析视角,而不是提出那种企图一物

---

① 〔英〕泰玛·利贝斯、埃利·胡卡茨著,刘自雄译:《意义的输出》,华夏出版社2003年版,导言。
② 〔美〕李特·小约翰著,史安斌译:《人类传播理论》,清华大学出版社2004年版,第228、231页。
③ Morley, D. *Television, audiences, and cultural studies*. London: Routledge, 1992, p.183.

多用的抽象理论模式"。① 鉴于传播研究首先是从西方发达国家崛起和发展的事实,莫利的观点具有明显的"去西方化"的意味。但同时,他又不仅仅是简单驳斥西方种族中心主义。在关于"传媒与现代性"的研究中,他声称其研究不仅是在重新审视西方主义问题和通过对话的方式讨论跨文化传播的脉络下的现代性问题,也是在论述世界各地存在的一些区域性的文化帝国主义现象,即当"他们在看待我们或者忽略我们的时候,我们同时也在对他们加以刻板印象或者采取东方化的对待方式"。② 莫利对区域化理论、扎根理论的强调,无一不是表明其对地方知识的重视。但和人类学反对种族优越主义、坚持文化相对主义不同,莫利灵活地采用了文化帝国主义的框架,并限于在现代性的展开进程中进行把握。在价值倾向上,早期人类学对地方(准确地说,更多的是相对于文明社会的野蛮社会)的盛赞,是为了实现对当时文明社会中心论的现实批判。但如今与此有所不同的是,莫利还注意到了新的问题,即全球化背景下地方的中心化和地方性优越意识。

对于地方知识,人们容易将地方知识与知识的地方性混为一谈,集中表现为用知识的地方性取代地方知识概念。换言之,他们用的是地方知识的"形",表示的是知识的地方性之"意"。莫利上述关于"应该发展区域化理论来研究这个普遍化过程(即全球化——笔者注)在不同的社会脉络下有什么不同的表现方式"观点,间接地表明了地方知识具有二重性特征,即地方知识兼具地方性和普遍性。

地方知识的普遍性特征可区分为不同层次。它可能是个体的群体性层面、群体的社会性层面,也可能是国家的全球性层面。比如在媒介受众的民族志研究中,知识的普遍性可以表现为通过对受众的阅读行为的关注,发现其背后的社会和文化系统或者是受众所属的社会结构。类似的,

---

① 〔英〕戴维·莫利著,郭大为译:《传媒、现代性和科技》,中国传媒大学出版社2010年版,中文版序言。
② 同上,第21页。

莫里森(Morrison, D. E.)就指出,"除非我们知道他们是否不仅代表他们自身,否则去了解这些人是怎样把电视融入他们生活的研究就还停留在无意义的层面——这个故事是不完成的,而由于它是不完成的,它就失去了自己的叙述力量"。[1] 很明显,他这里强调的是地方知识的普遍性特征。

关于地方知识的地方性特征。前述莫里森的观点虽然说明了他对知识普遍性的强调,但却暗含了他对知识地方性的不屑。地方知识的地方性特征与其普遍性相反,知识的地方性可能是群体的个体性层面、社会的群体性层面、全球的(民族)国家性层面。可见,知识的双重性特征是在逻辑和现实上的完整把握。就群体性而言,它相对于社会的诸多群体,是一种地方性存在;但相对于群体的个体性而言,它又是一种普遍性存在。同时,即使我们承认"民族志描述的价值在某种意义上正是存活于恰如其分地处理特殊性与普适性之间的张力"的观点,[2] 也没必要夸大这种张力,甚至不屑于知识的地方性。因为在具体的传播过程中,特定个体的主体建构对其而言是十分重要的,重视知识的地方性也是对社会进行丰富的描述的需要。

简言之,夸大地方知识二重性的任何一极,或者是深深地将地方知识的地方性与普遍性相割裂的认识论本身都是不可取的。

三、获得知识的路径

知识的获得跟资料的获得有关,其首先在于传播民族志研究的有效参与,并首先是"融入"到地方关系之中。按格尔茨的话来说,就是真正地"身在其中",它是研究者与被调查者之间关系的转折点,它意味着调

---

[1] 〔美〕莫里森著,柯惠新等译:《寻找方法》,新华出版社2004年版,第244页。
[2] 郭建斌:《民族志之于传播研究的实践话语》,http://www.studa.net/xinwen/060513/15452996-2.html。

查对象及环境向调查者的开放和接纳,并给予调查者直接理解被调查者心智的内在视角。在巴厘岛调查的时候,格尔茨与被调查者建立了彼此亲密的关系。关键就在于他们在当局袭击斗鸡陋习时所采取的举动——他们没有简单地掏出证件以表明与众不同的访问者身份,而是和岛民一起惊慌失措地逃窜,以至于几乎被抓住。不过,这次幸运的收获并非是常规操作性方法的收获。格尔茨自己曾表示,"也许这并不是一个能够推广的窍门,用以达到在人类学田野作业中被神秘化了的必要的亲密关系"。[①] 但不管如何,他们据此打开了与地方的关系之门则是事实。不过,与格尔茨的"不能推广"的方法不同的是,作为传播民族志研究践行者的莫利直接将有效的参与概括为"很好地处理受访对象及其对他们所处环境的态度",并列举了可重复的操作性做法。具体包括:调查者不能高高在上,或者过于直截了当;调查对象是否认为你足够诚实,而不是在利用他们,或者是干涉他们的个人生活等等。[②]

其次,关注传播的情景化数据和保持理论动力的学术敏感性。对于传播的情景化数据,包括房间的样子、受访者身后的挂画、对方说话的语气等细节。[③] 对于保持理论动力的学术敏感性,莫利以"全国范围"(The Nationwide)节目研究为例进行了说明。该节目展现的其实是一种白人中产阶级家庭的生活方式,反映的是这些"普通人"在想什么和做什么,但该项研究的调查对象是一群工人阶级家庭背景的年轻黑人男学生。在小组讨论中,莫利敏感地发现了"在瞬间体现出来的一个并非明显的议题"——黑人孩子并不认为电视展现出来的节目与他们的"普通生活"有任何关联,这促使他在后来去分析电视片里"普通"这个词的背景意涵。莫利将此成功归结为他接触过社会语言学,对"符号的多音性"(multiac-

---

[①] 〔美〕格尔茨著,韩莉译:《文化的解释》,译林出版社1999版,第489页。
[②] 〔英〕戴维·莫利著,郭大为译:《传媒、现代性和科技》,中国传媒大学出版社2010年版,第60页。
[③] 同上,第68页。

centuality of the sign)有所了解的缘故。同样,莫利出于对霸权和文化权利问题的兴趣,非常关注"生活常识的话语演变形式"。而这些发现可能是那些在访问之初觉得非常无聊和没有意义的部分。①

第三,有效地对数据进行选择和分类,进而达到本质化的处理。在莫利看来,"我们讲述的故事"经过了受访者的选择,且并非受访者的任何故事的价值都是一样的。对于那种"认为要广泛地体现受访者的声音,不能有任何的观点性提炼和概括"的主张,莫利表示反对。因为这"只会让分析者失去主观能动性而走向漫无目的和学术退步"。莫利本人十分注重对数据进行分类,他对此的描述是,"我尽量不带任何预设的分类去处理数据。我只不过一边阅读那些记录,一边用彩色铅笔做记号,尝试找到某种关联(或说明了什么问题)。……很多时候,你创立的一个分类可能不成立,然后你又再次命名一个,或者你意识到你需要将两种分类并成一个或者将两者以不同的方式来拆分"。考虑到分类的简化处理可能"迷障耳目",莫利还强调对数据进行"三角法"研究(triangulation)。如在对受访家庭的研究中,莫利就曾让家庭成员针对家庭中的所有科技产品"画心理地图"(mental mapping),据此发现家庭成员对家用科技环境的不同理解和感受。最后,再将这些得到的结果与受访对象的访问以及现场观察到的行为结合起来考虑,以更好地理解具体的研究情境和问题。②

四、对民族志研究的反思

本处不打算使用"后民族志"这类泛滥了的"后话语",但确实有必要对传播民族志的发展进行一定的思考。诚然,西方传播学界在20世纪80年代已经实现了民族志研究的兴盛,在彼岸的中国也不乏跟随者,甚至还

---

① 〔英〕戴维·莫利著,郭大为译:《传媒、现代性和科技》,中国传媒大学出版社2010年版,第61、63页。
② 同上,第64、69、70页。

有一些独特的发现(如在少数民族区域的媒介使用研究)。但我们对此研究类型的考量并不够。如何思考这个问题,特别是,是否有一个捷径可供参考?既然民族志最早是在人类学研究中采用,那么人类学反思的历史性和反思的深刻性都极可能超越新兴的传播学,因此不妨从人类学的反思中获取有益的东西。这一点,对西方传播学界亦是如此。

目前,传播学者普遍注意到了马林诺夫斯基及其关于民族志的论述,但很少注意到他本人属于功能主义人类学的代表,并由此带来的局限。来自人类学者的批判性反思认为,该派别强调把物质文化、人类行为、信仰与理念放在文化事实或分立群域的整体中考察彼此之间的互动关系,这也导致了其偏重共时性剖析,对历时性的缺失和对社会变动(包括社会冲突)的忽略。这些反思者还发现,分立群域的研究主张虽然肯定了小型的研究对象(特定社群)的意义"在于其本身",而不代表任何意义上的典型,但却导致了无法实现大的空间跨度。因此,他们倡导向历史学家和社会学家学习适合大型社会建构的方法,以使研究具有空间跨度和时间深度。同时,他们也认为不能忽视"大传统"在民间"自上而下"的重新阐释和意义改造现象,力图以充分的地方描述,体现大社会的特征与动因。或者是主张在国家与社会的关系下考察国家向社区的渗透,以说明社会力量的多元发展,以及国家与社会关系的区域性差异。① 这些反思性的观点如果从强调知识的地方性与普遍性、知识的空间性与时间性的良性互动来看的话,对于今天的传播民族志研究具有直接的借鉴意义。

此外,传播民族志研究中是否应当对研究者所在社会的流行观念以及对研究者本身的内在理念进行反思,以建立起更广泛的主体对话?一些研究者宣称"深描强调了被研究者、研究者和读者三方之间的联系,目的是寻找各个主体对某一现象的对话和理解"的乐观观点,② 但鉴于读者

---

① 有关来自人类学家的更多反思性观点,详见王铭铭:《社会人类学与中国研究》,广西师范大学出版社2005年版,第24—51页。
② 陈阳:《大众传播学研究方法导论》,中国人民大学出版社2007年版,第253页。

本身的多样性以及背景的复杂性,这个观点显得过于理想化。也许在民族志研究中,主张"包容研究者和被研究者的交流及人类学知识形成过程的描述,而不是绝对地排斥研究者的声音描述"的观点更具现实性。① 但倾听研究者的声音并非主张过度阐释,而是理解研究者"如何理解的"。因为在现象社会学看来,研究者对被研究者的理解是主体间性的理解,它不是纯粹的被研究者的立场,也不是纯粹的研究者的立场,而是介于二者之间的理解。② 在 emic 数据(一个自然的或者固有的形式)和 etic 数据(表现了研究者对情况强加的看法)之间,"它作为从 emic 向 etic 移动,然后再来回地循环的过程"。③ 因此,获得地方知识的过程也是一个不断理解和发现的过程。现有的传播学相关研究虽未对此加以明确,但已经有人进行了初步尝试。约翰逊(Johnson, k.)在"电视与乡村社会变迁"的研究中,与被访者的访谈设定了三个阶段:第一是一般性问题,第二是更深入的,第三是根据前两次访谈得出结论,将结论反馈给被研究者,倾听他们对此的解释和回应。很明显,第三次就是"研究者与被研究者的交流及人类学知识形成过程的描述"。

当然,传播学者自身也进行了一定的反思。莫利就承认自己的学术研究工作"主要是定性研究的访问和民族志调查",他首先表明了自己选择方法的实用主义态度。他主张方法论相对主义,而不是方法相对主义论。后者受到后现代或者后结构主义的影响,认为所有的方法解决特定的问题都是一样好。而方法论相对主义则认为,针对特定问题,"总会有一些方法比另外一些方法好"。这也是他在"家庭电视研究"中放弃问卷调查,选择民族志进行研究的原因,目的是获得细微的微观活动的描述。④ 还有一些传播研究者指出,定性研究(包括民族志)是高卷入度的

---

① 陈阳:《大众传播学研究方法导论》,中国人民大学出版社 2007 年版,第 52 页。
② 同上,第 256 页。
③ 〔美〕大卫·E.莫里森著,柯惠新等译:《寻找方法》,新华出版社 2004 年版,第 241 页。
④ 〔美〕克利福德·格尔茨著,韩莉译:《文化的解释》,译林出版社 1999 版,第 57、58 页。

方法,"这样的卷入很容易提高研究者对自己正在使用的方法的优越性的评价,因为他们把自我深深地沉浸在这个方法中,这就意味他们是在讨论自己的生活,而不仅仅是别人的"。① 这提示我们需要发起另一个层面的对话,即民族志方法与其他方法进行有效互动和借鉴的必要性。同时,针对传播民族志研究重视研究对象的语境化即日常生活情境对相关传播行为的影响、相关传播行为在各种社会实践活动的嵌入和作用机制,利文斯通(Livingstone,S.)特别提出在广阔的社会语境中发掘差异本身存在的价值与意义。② 不过,后者虽然在一定程度上呼应地方知识的二重性特征,并对来自人类学的部分反思进行了一定的强调,但作为一种研究实践取向,人们也担心它可能导致将传播(传媒)本身边缘化的风险。

不管怎样,作为方法的传播民族志有其独特的价值,但归根结底它是工具性的。唯有研究者坚持开放、创新、反思,才会保持研究者内在的主体性,从而合理地支配方法工具,而不是不合理地为方法所支配。对于今天的微博社会研究来说,只有更好地做到"融入"观察、敏锐地注意到微博传播的情境数据、与各类微博主体建构起对话,才能确保更好地发现微博社会中内外兼存的多重知识。

---

① 〔美〕大卫·E. 莫里森著,柯惠新等译:《寻找方法:焦点小组和大众传播研究的发展》,新华出版社 2004 年版,第 236 页。
② 熊慧:《范式之争:西方受众研究民族志转向的动因、路径与挑战》,《国际新闻界》2013 年第 3 期。

第二章
基本观念

第一节　社会管理

社会管理到底是什么？在今天不少的相关研究中，人们似乎已经将其当做一种既定的概念而理所当然地加以使用，而缺乏对概念自身进行必要的认知梳理。这一做法导致的后果是，不少的研究以贴牌的方式使用社会管理概念，但由于缺乏相关问题探讨所必需的共同的知识逻辑，人们在诸多的研究中难以找到真正的共鸣。

一、三种代表性观点

社会管理最具代表性的观点是根据管理的对象域进行确认。据此，社会管理很大程度上被理解为区别于政治领域、经济领域的社会领域管理。从理论到一定的现实实践来说，政治领域、经济领域以及社会领域的划分没有太大问题，甚至也能在一定程度上做出相对明确的区分。并且，这种认识还一度直接通过国家话语的叙述得到强调。2003年党的十六届三中全会就指出,政府的职能包括经济管理、市场监管、社会管理和公共服务。于是,这一观点直接被简化为政府对社会领域进行的管理。但政府对于大一统管理明显地力不从心,并招致了社会的怨声载道,甚至已经成为影响社会和谐稳定的突出问题。

在此背景下,国家开始主动地吸纳社会,使得社会管理的主体观念发生变化。无论是2004年党的十六届四中全会,还是2006年党的十六届六中全会,都提出"完善党委领导、政府负责、社会协同、公众参与的社会管理格局"。目的则是"最大限度激发社会活力"和"积极推进社会管理理念、制度、方法创新"。

但此时对于社会管理对象域的观念并未发生变化。于是,直接面临的问题就是:我国关于社会管理的最终目标是"通过协调社会关系、规范社会行为、化解社会矛盾和深入细致的群众工作,维护人民群众权益,促进社会公平正义,保持社会良好秩序,有效应对社会风险",但它并非在所谓的单纯社会领域就能实现。事实是,很多需要面对的社会关系问题、社会行为失范、社会矛盾激化、社会权益冲突、社会公平正义缺失等往往涉及诸多领域。因此,传统的政治、经济及社会等领域的划分虽然具有一定合理性,但作为一种理想类型的划分,必然因为其纯粹性并不能与现实建立起完全真实的对应关系。更何况,政治也是社会的,社会有些时候在某种程度上也是政治的。

社会管理的另一代表性观点是直接从管理主体的角度,将之类型化为政府管理、企业管理和社会管理,此三者也更容易加以区别。前述国家所强调的"激发社会活力"实际上包括了培养和激发社会主体的管理能力,因此,社会管理的内涵内在地包括社会的参与及自治管理,以便更好地实现对特定领域的治理。但考虑到中国长期以来的社会政治管理进程中社会活力不足的因素,现阶段的社会管理内在地还应包括培养和塑造社会领域的生命力,以培养出具有现代社会管理主体性(包括意识的主体性和行动的主体性)的社会新民来。因为人们已经明显地意识到,"政府介入会破坏社区中的非正式社会关系而不提供替代的价值和功能,从而导致社区的衰败。政府在社会管理中的角色是一把双刃剑。一方面,社会自治能力的缺乏、社会对政府各种资源的需求等,都需要一个强有力的政府来为社会发展保驾护航;而另一方面,政府的介入可能会放大政府的官僚主义缺陷,基层政府也可能违背上级政府的政策意旨,从而不断侵蚀本就脆弱的社会有机体,使社会管理进入一个越来越脆弱的社会不断寻求政府帮助,而政府的介入又进一步侵蚀社会的恶性循环,导致距离建立一个良性而富有生命力的社会管理体制越来越远"。[1] 因此,虽然中央强调"党委领导、政府负责、社会协同、公众参与的社会管理格局",但这是何种程度的领导和负责?何种程度的协同和公众参与?这些都是要追问清楚的。正因为如此,文件提出的"完善"两个字值得深思。显然它为强化、放松、抑或是原则性管理还是事无巨细的管理等问题留下了必须思考的空间。

　　社会管理的第三个代表性的观点是强调任务,认为"社会管理是以维系社会秩序为核心,通过政府主导、多方参与,规范社会行为、协调社会关系、促进社会认同、秉持社会公正、解决社会问题、化解社会矛盾、维护社会治安、应对社会风险,为人类社会生存和发展创造既有秩序又有活力的基础运行条件和社会环境、促进社会和谐的活动"。[2] 这种界定将社会管理的任务作为界定的重点,看似翔实,其实不然。因为社会管理的任务随历史和现实境况变化差异较大,并不宜作为具有相对稳定性的概念内容而出现。从社会管理探索的具体历史来看,早已经有研究者指出,党的十六大将改善民生作为社会建设的重点不过是承接了经济改革带来的社会后果,党的十六届六中全会提出"健全党委领导、政府负责、社会协同、公

---

[1] 汪锦军:《社会管理创新应避免政府侵蚀社会》,中国乡村发现网,http://www.zgxcfx.com/Article_Show.asp?ArticleID=36434.
[2] 马凯:《努力加强和创新社会管理》,人民网,2010年11月08日,http://theory.people.com.cn/GB/13157783.html.

众参与的社会管理格局"不过是网络社会出现的社会自我组织化和自我服务性力量增强的回应产物。① 可见,任务的变动性特征不宜纳入概念识别中去。

二、社会管理的基本含义

总的来说,对于社会管理尽管存在论争,但完整的社会管理理论认知还是可以从几个有效维度展开的。一是主体维度,内容包括政府、社会的角色与定位,二者的主体性互动关系的性质,社会的组织化等。二是客体维度,内容包括价值客体、关系客体、心态客体、政策客体等。三是过程维度,内容包括利益表达、舆论生成、特定议题(含决策)的协商与参与、监视等。四是行动维度,内容包括常规性行动如法律诉求、投票信任等,非常规行动如抗争事件、政治承诺等。

因此,社会管理的概念也可以被简单地界定为:它是以社会领域事务为主要对象(但不限于此对象)而进行的由社会参与或社会主导甚至由社会自治的社会治理活动。② 该概念较科学地强调了社会管理主体和一定的对象域,也避免了概念不必要的繁琐。同时该概念也暗示国家与社会在社会管理过程中存在不同的涉入情形,与此相应的是承担角色的不同、定位的不同,具体参与社会管理的着力点不同。

当然,社会管理理念同样受到来自传播的影响。传播(信息)被认为是世界的重要构成要素之一,它表明的是其存在的实在性和建构社会的基础性地位。但传播(信息)亦具有工具性,其自身作为一个系统为社会系统的运行发挥特定的功效。信息社会概念的提出,无非表征的是社会交流中信息要素地位的凸显和影响力的日渐增大。原因在于它不仅具有

---

① 林尚立、郑长忠:《全面提升党的网络执政力与党的执政方式现代化》,《中国延安干部学院学报》2013年第2期。
② 社会参与并不排斥国家主导的情形。

经济意义上的产出价值,更代表信息交换、输入输出的加速,从而在数量、频次、范围、连续性的具体表现,以及传播时间、空间和实践等方面与传统社会的差异。于是,"人们不仅沉溺于传媒所提供的信息中,更沉溺于网络媒介所催生的虚拟社会中,在其中进行如网络问政、网络购物、网络游戏甚至网络婚姻等社会活动"。① 双重社会在延续着依稀可见的边界的同时,不断地在促进二者的融合。进而它不断产生新的政治、经济与社会影响力。目前,"网络媒体的普及,也许正在改变中国社会的再现(representation)和交往(communication)的形态、人们的媒介资源配置的格局,以及人们从事媒介评判、形成对媒介的期待所运用的常识元素"。② 正因为如此,包括微博在内的新媒体与社会管理的关系得到研究者们的重视。有关新媒体在社会管理中的角色和功能也得到了初步探讨,如作为社会管理主体、客体和管理工具三种角色等等。③ 不管怎样,可以肯定的是,以微博为代表的新媒体正对社会管理的主体、客体、过程和行动发挥着现实而长远的影响。

第二节　社会问题

　　社会问题大致可以从一般层次和具体层次进行把握,即社会问题的一般理念和具体社会问题(议题)理念。社会学的结构功能主义、社会冲突论、互动论、社会建构论提供了有关社会问题的一般理念。

---

① 蒋晓丽等:《社会管理网络化与网络管理社会化》,《四川大学学报(哲学社会科学版)》2011年第4期。
② 潘忠党:《互联网使用对传统媒体的冲击:从使用和评价切入》,《新闻大学》2010年第2期。
③ 黄河、王芳菲:《新媒体如何影响社会管理》,《国际新闻界》2013年第1期。

一、社会问题的一般理念

（1）结构功能主义。作为结构功能主义的主要代表人物，帕森斯强调整个社会的一致、整合与协调，认为社会问题就是社会变迁或社会分化导致的社会功能失调或者社会成员违背社会规范。另一代表人物墨顿提出了结构紧张理论。他指出，当文化规定的作为普遍追求的合法目标与社会结构所能提供的实现目标的社会认同手段之间存在冲突或紧张时，越轨问题就有可能发生。①

（2）社会冲突论。冲突论反对功能主义关于社会整合、一致性的假设，认为社会冲突是无处不在的，所有社会成员并不享有共同的价值和目标，因此社会问题折射的正是特定阶级关系的利益冲突。或者是，将社会问题视为是不健全的社会结构的产物。因此社会问题并非是离经叛道，不需要加强社会控制，也不需要重新社会化。②

（3）互动论。互动论注重社会的微观层面，认为行动者总是处在互动的生活世界之中。互动论中影响最为广泛的就是亚文化论和标签论。亚文化论认为群体成员在密切的交往过程中逐步形成与主流文化有差别的文化特性，群体亚文化一旦形成就具有自我再生产和自我维持功能，群体成员高度效忠于这种文化，并且难以摆脱亚文化的控制，任何新的群体成员都会很快认同这种亚文化。③ 标签论认为，一个人只有经过一系列正式的标认、界定、识别、分离、形容和强调的过程之后，问题才变得严重起来。如果这种贴标签的经历非常深刻，个人就会接受社会强加于他们的这些定义。④

（4）社会建构论。社会建构论认为，一种社会现象从出现到被视为

---

① 何雪松：《社会问题导论：以转型为视角》，华东理工大学出版社2007年版，第14页。
② 同上，第14页。
③ 同上，第17页。
④ 〔美〕文森特·帕里罗著，周兵译：《当代社会问题》，华夏出版社2006年版，第21页。

"问题"是个复杂的社会建构过程,确定社会状态是否有"问题",取决于人们对正常社会状态的界定和建构,社会建构论的一般逻辑是:一、X 并非必定要存在,或者根本不存在。二、X 的存在是不对的,具有负面社会效应。三、如果我们抛弃 X 或者激烈地改变它,我们将会更好。①

比较独特的是,社会问题在中国是通过事件的方式,才容易获得外显结果。从这个意义上来说,社会问题事件(包括微博事件)在今天中国社会发展进程中具有独特的地位,它不仅是一个场域和共鸣体,让国家与社会各类主体从中各取所需,而且也以其非常规方式促成了与特定社会问题事件有关的社会变革。同样的,微博不仅仅是特定社会问题传播的工具,微博社会本身也在很大程度上反映、建构和塑造着社会问题,影响着人们对社会问题的认知和行动。

二、作为社会问题的弱势群体

弱势群体是政治学、社会学以及公共政策研究领域的核心概念,但作为一个政治与社会术语在中国广泛出现是在 2002 年的第九届全国人民代表大会第五次会议上,该年的《政府工作报告》第一次提到了"弱势群体"一词,当时代表称之为"改革中的弱势群体"。

国内社会学界将弱势群体概括为三个方面的特征:第一,弱势群体的形成受各种因素的制约,既可能是客观的或自然的,有明显的生理性特征;也可能是主观的或人为的,可以从文化和社会性角度进行界定。但"能力的弱势"或"机会的贫困"是他们处于弱势地位的本质。第二,他们遭受排挤,在主流文化生活之外和低于社会认可的一般生活水平之下。第三,弱势群体在经济利益上面临贫困性的共同困境,从而决定着弱势群体的生活质量低下性和心理承受力的脆弱性。② 2002 年《政府工作报告》

---

① 何雪松:《社会问题导论:以转型为视角》,华东理工大学出版社 2007 年版,第 18 页。
② 段吉福:《关注弱势群体,构建社会安全网》,《西南民族大学学报》2005 年第 1 期。

的提法是"对弱势群体给予特殊的就业援助"。可见,无论是对"贫困性"的强调,还是着眼点在"就业不足"(经济上处于困境),主流观点把弱势群体概念大致等同于物质性弱势群体。但对弱势群体进行更广泛的考察将会发现,弱势群体并不见得就是物质性弱势群体,也不见得就是传统所认为的劳工、妇女、移民、种族、民族和性别方面的少数群体,它甚至包括现代信息与传播技术的基本设计倾向所导致的弱势群体。对于后者,一些研究者指出,权力关系和社会价值取向往往体现在信息与传播技术的设计本身之中,因此主张在信息与传播技术的设计中对公众的多样和多重的需要保持敏感。①

因此,弱势群体可以从多方面进行确认:自我"损害"的弱势;利益受"它损"以及获得补偿艰难;参与讨论的缺乏;信息表达的弱势;群体组织动员能力的弱势;群体合理的特殊需要不能满足的弱势。除了自我损害的弱势表现为自我伤残、遗传变异等导致的生理性弱势外,其他的弱势都不同程度地与政治、社会、文化有关。这是弱势群体的界定中客观性的一面。其主观性的一面则表现为在特定弱势情形下所形成的群体性的社会心态,即群体成员的态度、观念、意志等。在急剧的社会转变时期,弱势往往与不公平或不合理的代价承担相关,因此它还会强化弱势群体的阶层分化意识和冲突意识。

与弱势群体相关的概念包括抗争群体、依赖群体、边缘群体、消极群体。其关系在于,很大程度上后者是前者在特定理论框架或语境下的沿用。

(1) 关于抗争群体。抗争群体是从社会冲突论视角对特定群体的指称,与此相对的是强势群体。依照冲突论的观点,强势群体与抗争群体之间形成支配与反支配、控制与反控制的关系。社会冲突论的思想渊源来

---

① 赵月枝:《文化产业、市场逻辑和文化多样性:可持续发展的公共文化传播理论与实践》,《新闻大学》2007年第1期。

自马克思和齐美尔,主要的社会学代表人物是达伦多夫、雷克斯等人。在冲突论者看来,由于占统治地位的价值标准与人们对美德和尊严的固有看法极不相容,人们便被异化了。于是异化成为不健全的社会结构的产物。而只有向一个拥有真正平等、维护个人尊严的新社会进步,才能克服异化问题。许多抗争行为被认为是被压迫者的"自然"行为,抗争只是为了抗议或重组有缺陷的体系。① 于是,抗争变得"有理",目标变得"正当"。

(2)关于依赖群体。这涉及对特定群体的义务和责任的理解。新右派认为,福利国家助长了贫困阶层的消极性,并创造了一种依赖的文化。他们认为消极公民身份模式没有充分估计到履行某些义务是一个人被接纳为完整的社会成员的前提条件。因此主张削减福利,增加附加性义务。反对者则认为,参与共同体生活的权利优于责任,即只有参与权得到保障以后,提出履行责任的要求才是恰当的。同时,削减福利的利益远不能使下层人民振作起来,而是使得队伍扩大,社会不平等加剧。② 但两种观点在一定程度上都犯了非此即彼的错误,需要结合具体的社会情境、群体自身的政治与社会特征进行有效的讨论。

(3)关于边缘群体。边缘群体是相对于中心群体而言,持此称谓的人多倾向于边缘对中心的依附,认为中心的发展就是建立在剥夺边缘的基础之上,因此边缘群体和中心群体的关系是一个零和的博弈。但与抗争群体不同,边缘群体被排斥的特征明显,在文化支配下多被建构为负面形象,或者是排斥在支配性的文化形象之外。在边缘群体内部,生活的虚无主义特征明显。Cornel West 通过对当代美国黑人通俗文化的考察,解释了美国黑人生活的虚无主义的社会文化根源。他认为,早期黑人社群通过宗教、家族纽带以及民权运动保持了一种有组织的、基于情感的、支

---

① 〔美〕文森特·帕里罗著,周兵译:《当代社会问题》,华夏出版社2006年版,第21页。
② 威尔·吉姆利卡:《公民的回归》,载许纪霖主编:《共和、社群与公民》,江苏人民出版社2004年版,第240—244页。

柱性的文化,但在市场侵蚀下,加上主流媒介推崇不负责任的消费文化(包括脱离社会背景的偶像、对现实具体问题的草率解决以及放纵的享乐主义原则),于是那些传统世代继承的不受市场影响的美德(爱、关怀、服务他人)被排挤,"这样的生活方式驱使着贫困潦倒的人们,使他们自然而然地自我贬损、自我憎恨,最后形成了黑人生活的虚无主义"。①

(4)关于消极群体。消极群体通常被界定为缺乏参与公共生活的义务及主动性,只是消极的接受者。其基本理论依据是政治学的公民理论。尽管公民理论内部并不统一,但就公民参与行动的积极意义而言,主要包括如下观点:公共事务是应当关注的,参与对参与者本人具有内在的价值,它有利于开阔个人的思维,超越个人即时的利益;公民社会的自愿组织(家庭、联合会、环境群体、邻居社团、慈善机构等)、教育系统是习得德性的途径,这些德性包括一般德性(勇气、遵纪守法、忠诚)、社会德性(独立性、开放精神)、经济德性(职业伦理、对经济与技术变革的适应性)、政治德性(辨明并尊重他人权利的能力、评价公职人员表现的能力、从事公共讨论的意愿等),并特别强调政治德性中的后两种。② 作为参与民主的极端形式的公民共和主义(civic republicanism)则是强调政治参与对参与者本人具有内在的价值(如 Oldfield, Adrian 所言的多数人渴望的人类共存的最高形式),认为政治生活高于家庭、邻里和职业生活中纯粹的私人乐趣,应成为人们生活的中心。而更多的观点反驳认为,政治是私人生活的手段,人们对私人生活眷念是因为私人生活的丰富而不是公共生活的贫瘠。但不管怎样,反对的观点并不能否认参与的重要性。进而,Nancy Fraser 提出了理解公正的线索,即作为人类的尊严就不限于物质资源的占有,还包括文化取得支配地位的过程(即是否作为文化劣势等级出

---

① 〔英〕尼克·史蒂文森著,顾宜凡等译:《媒介的转型:全球化、道德和伦理》,北京大学出版社2006年版,第63、66页。
② 威尔·吉姆利卡:《公民的回归》,载许纪霖主编:《共和、社群与公民》,江苏人民出版社2004年版,第248—262页。

现)、认知(即是否被排斥在社会支配地位的文化形象之外)、尊重(即是否以负面形象加以刻画)。①

从传统大众媒体时代到互联网时代,弱势群体概念也在社会传播研究领域不断出现。而在微博传播凸显的今天,这一概念甚至大有成为弱者抗争的武器之势。

第三节 传播增权②

国际传播学会 ICA 成立于 1950 年,会员超过 3000 人。该学会负责每年出版《传播年鉴》,内容主要是传播研究中的一些普遍性关注的焦点议题。鉴于传播增权的重要性,由 Pamela J. Kalbfleisch 主编的《传播年鉴》第 27 卷就是直接以此为议题。

通过对西方社会传播学者的增权理论进行初步的梳理,可以知道一些关于传播增权研究的基本情况。增权理论始于 20 世纪 60 年代末西方世界的参与型影像运动,到目前为止,其研究主要涉及:(1)增权的含义。(2)增权的意义,主要聚焦于独立、自我帮助、自我支配。独立意味着自己做出判断和控制自己的生活,包括有机会充分参与公共生活,以及自由移动、获得教育、进行政治对话等。自我帮助强调摆脱"倒霉蛋"和"牺牲者"的角色定位。自我支配则是反抗统治者的意识形态、胁从的政治以及经济力量。(3)增权路径,包括对话传播、训练和组织化,对社会控制策略的反用等。(4)传媒的增权效果,由于所有因素彼此作用的复杂性使得传媒的增权效果在一定程度上具有不确定性。

---

① 〔英〕尼克·史蒂文森著,顾宜凡等译:《媒介的转型:全球化、道德和伦理》,北京大学出版社 2006 年版,第 63、66 页。
② 相关探讨还可参见谢进川:《试论西方传播学中的增权研究》,《国际新闻界》2008 年第 4 期。

一、传播增权概念

对于英文 empowerment,学术界多数人将其翻译为"赋权"。有意思的是,"赋权"的概念,在传播学、社会学、政治学、管理学、教育学中都频繁使用。如管理学中所称的"赋权管理"(管理界于 20 世纪 80 年代开始认识到让雇员参与与其工作相关事务的决策,会提高工作质量和生产率,从而强调雇员的赋权。具体就是管理者给下属机会,消除下属的约束,让下属自主、灵活、尽可能有效地完成工作,它是一个培养激励的过程。赋权管理的内容包括赋权前的准备工作,如选择准备赋权的下属等,赋权时的分工、内容、分步赋权等,赋权工作结束后的监督控制和奖惩分明[1])、教育学中的"教师赋权增能"(主要作为 20 世纪 80 年代教育改革浪潮和对以前教育改革失败的总结。强调尊重教师个体的主观能动性,主张赋予教师以教学政策制定及决策的权力,从而有效地从教师个体内部和事业与工作环境外部两个方面对教师发展产生积极的指导作用[2])、社会学中关于行业协会"双重赋权"的探讨(包括企业的赋权和行政的赋权[3])、政治学中关于公民社会的"自我赋权"(即公众通过自我组织从而实现利益表达、参政和议政)等。

结合社会传播中关于 empowerment 的探讨,直到今天,我们仍然坚持这样的观点:"赋权"对接受方而言,具有消极地接受之意,不符合 empowerment 探讨所强调的主动获取而非单纯的被动接受的主旨。因此我们主张将 empowerment 翻译成为"增权",反之则是"失权"。传播增权可以简单地理解为主体通过传播(传媒)实践机制增加人的效能,使人们能完成

---

[1] 张钥:《如何进行赋权管理》,《山西高等学校社会科学学报》2007 年第 4 期。
[2] 辛枝、吴凝:《教师赋权增能理论对促进教师发展的理论意义》,《外语界》2007 年第 4 期。
[3] 徐家良:《双重赋权:中国行业协会的基本特征》,《天津行政学院学报》2003 年第 1 期。

对处境的控制,它既可以表现为一个结果,也可以表现为一个过程;它既可以表现为一种意识感,也可以表现为一种行动状态。

二、传播增权研究所属领域

联系发展传播学的含义,即着力于传播与社会的发展的关系探讨,增权的研究应属于发展传播学(媒介与发展)探讨议题外延的一部分。按照 Robert Huesa 的观点,西方发展传播学的研究大致可以划分为早期、中期和后期三个时段,并表现为不同的研究主题。早期研究主要反映了北美学者特殊的旨趣,同时在研究上还将冷战遗迹与地理政治学斗争联系在一起。这一时期的研究旨在建构中观理论,用以解释和说明国家发展以及社会变迁的复杂过程。在方法上,明显具有社会科学的实证取向,目的是探寻孤立的变量,以确认因果关系。最主要的是,研究者们从现代化理论确立的框架来界定传播在发展中的角色。在 20 世纪 70 年代的中期阶段,发展中国家的学者特别是拉丁美洲学者,对先前的主导范式进行了质疑。他们主张新的研究理论和实践,谋求对发展中国家做出更多的回应。这些研究者认为,发展效果是意识形态化的,本质上和新殖民主义及资本扩张相关。这一时期的观点指出,线性传播模式关于社会发展观念过分注重个人态度和效果的改变,忽略了社会的政治、经济和结构。于是,传播支配、对话实践(即取消二元发展观念,综合批判性和情境分析理论)和作为过程的传播(这是一种现象学的取向,不是关注传播的结构元素部分,而是集中研究意义如何成为其界定的意义。该理论认为,社会真实产生于人、文本及传播之间)成为发展传播学研究的主要议题。20 世纪 70 年代末以来进入第三阶段,该时期的理论观念表现为参与传播。参与的内容具体包括接近传媒资源、实际参与(包括计划、决定、生产)、自我管理(即实行集体产权、政策制定)。[①] 而在《传播年鉴》第 27 卷中收录

---

① Robert Huesa. in Angeharad N. Valdivia(2003). *A Companion Media Study*. Blackwell Publishing Ltd.

的 Thomas L. Jacobson 的论文《为着社会变迁的参与传播:传播行动理论的关系》也探讨了参与传播与社会的有关内容。因此,从这个意义上说,增权研究其实应属于广义发展传播学研究的内容。

三、传播增权的路径

一些学者如 Everett M. Rogers 吸收了组织对社会变迁的影响研究,将传播增权的路径概括为对话传播、训练和组织化三种途径。对话传播在于对抗单向传播,因此对话和互动成为增权的重要元素,它在下层群体成员之间发挥重要的作用。我们看到的增权(人们做出决定和行动)就是共同意见形成的结果。1989 年由 NDDB 建立的一个关于女性增权训练项目启动,主要是成立一个五人组,其中二人是来自乡村专业性工作组织的妇女。任务是训练女性奶农。到了 1995 年,这个项目已经发展成为世界性的女性增权项目。仅仅一年,五人组团队就已经培训了来自 40 个乡村的 25 万人。培训的具体内容包括面对公众讲话和小组协商,设计目标,发展与角色相应的技能,创造双向传播的环境。从效果评估看,取得了如下效果:参与方面获得更多的增权,乡村协助方面取得了更多的效果,更多的女性成员互相协助、参与会议,并明显地增加了牛奶的产量。对于组织化途径,研究者以孟加拉国 Grameen 银行为例进行了说明。该银行主要是对抗乡村高利贷而产生的。Grameen 银行将小额款项借给贫穷的妇女,不设任何附带条件。但借款者必须加入一个 5 人的小组,而且任何一个人借款后如果未能及时归还,将会影响到小组的其他任何一个人的借款。到 2002 年,该银行已经向 250 万穷困妇女提供了借贷,而还款率达到 95%。当一个乡村高利贷者扬言要打断银行工作人员的腿的时候,30 位 Grameen 银行的借款者直接来到这位高利贷者家,要求高利贷者提供同样的低利息,但后者并不能做到。最终,高利贷者也不再骚扰银行员工了。研究者惊叹的是,女性一旦被组织后将能够面对一个如此强势的男性。正是基于此,研究者主张传播增权应从组织化对社会变迁的影响中学习和借鉴。最后研究者还指出,大众传媒如果要扮演一个增权的角色并欲获得有效发挥的话,还需要采取娱乐性教育战略,创造受众被组织进行倾听或观看的条件。① 对于对话和增权的关系,Scott C. Hammond 等人甚至认为,两个观念完全是交织在一起的,不可能只需思考权力而无需考虑对话。②

一些研究者如 Particia S. Parker 则结合种族、性别和阶层弱化的事实,主张通过参与式传播实践,将以前控制他们的实践技巧反用来发展反抗的战略,从而实现增权的目的。Particia S. Parker 总结有关研究指出,非裔美籍女性通过组织化的方式实现边界保卫(border guard),即这些跨身份的妇女们形成了一个"干妈和拟亲戚社区(community of othermothers and fictive kin)",目的是更好地实现管理。包括如何更好地管理和协调好工作和家庭的平衡,如何管理好家庭和街道。后者主要是保护孩子在邻里社区的安全,不至于陷入到群体暴力和毒品经济中。这些必备的资源共享则是通过建立的网络关系完成的。除此之外,作为一种增权的策略,这些女性还通过自我界定,特别是导向自己的长处一面去界定自身的现实性,并保持这种界定的自信。Holcom - McCoy 和 Moore - Thomas 对非裔美籍女孩的经验研究表明,如果这些女孩以自我明晰的文化方式表达自我的话,将会面临一系列的问题,具体包括被作为问题学生对待、与老师经常性冲突的增加、会有被拒绝和孤立的感觉,甚至有被开除学籍的危险。而 Catalyst 则指出,非裔美国职业女性职场的成功与否同四个领域有关,包括是否获得高可见性的事业(high visibility project)、出色地实现期望(exceeding performance expectation)、利用可接受的传播方式(accept-

---

① Everett M. Rogers(2003). Empowerment and Communication: Lessons Learned From Organizing for Social Change. in *Communication Yearbook*, volume 27, pp. 70 - 82. LEA, inc.
② Scott C. Hammond(2003). The Problematics of Dialogue and Power. in *Communication Yearbook*, volume 27, pp. 90. LEA, inc.

able communication style)、获得一个有影响力的顾问或支持者(an influential mentor or sponsor)。同时,鉴于非裔美籍女性从历史上来说,已经通过文学、媒介和社会实践被刻板化建构,这些被建构的角色包括妈咪保姆(mammies)、女族长(matriarchs)、女超人(superwomen)、变性歌手(castrators)等,因此他主张通过传播实践反抗这种符号建构。①

四、传播的增权效果

问题是,作为重要传播机制的大众传媒对这种增权或弱权的效果到底如何?Jessica R. Abrams 指出,涵化理论表明深度卷入的电视受众会相信电视内容所提供的社会现实,电视会提供并告诉人们生活的景象,包括什么样的人、地方、命运、家庭生活。电视也界定了什么是成功,什么是失败。同时,电视的刻板印象作为重要的因素也塑造了有关群体成员的否定形象。而批判性的观点则认为,电视内容主要反映的是支配性观点和社会规范,而不是反映处于被支配地位人群的观点以及挑战现有的规范。甚至,电视还帮助不平等身份实现其合法化。与此相对的是,使用和满足理论则表明了受众的主动性,其伴随来自电视产业化的变迁,电视将会更多地尝试并企图吸引非支配地位的人群,将之作为未开发的区域。这样,非支配人群也将通过电视看到展现自己观点的电视节目。② Block 和 Lemish 则对传播的实际增权效果持保守态度,他们认为在现有的文化框架之下,往往只有一种文化占据了优势位置,因此其他的文化要获得增权,只有一种可能,那就是成为占优势的文化或媒介的一部分。

除此之外,研究者如 Miriam J. Metzger 等还指出,对于增权效果而言,

---

① Particia S. Parker(2003). Control, Resistance, and Empowerment in Raced, Gendered, and Classed Work Contexts: The Case of African American Women. in *Communication Yearbook*, volume 27, pp. 265,268,269. LEA, inc.
② Jessica R. Abrams. (2003). The Effects of Television on Group Vitality: Can Television Empower Nodominant Groups. in *Communication Yearbook*, volume 27, pp. 204,208. LEA, inc.

一项基础性的议题是失能人群需要具有一项能力,即从不可信赖的信息中快速、准确地识别可信性。对于互联网信息的可信性识别而言,则更是如此。①

由此可以得出结论:尽管能明确传播(传媒)与增权之间存在相关关系,但最终的效果却并不是那样明确。同时,传播效果的不确定性也反映了影响增权的所有因素彼此作用的复杂性。

结合社会风险的治理语境,国内有研究者归纳了传媒参与社会风险治理的主要机制,认为传媒可以利用三大机制(传媒吸纳、传媒评价及传媒动员)形成广泛的议程设置、推进行政吸纳、做好传媒监督、广泛动员人们参与,形成广泛的社会治理局面,甚至是直接参与到息息相关的日常生活治理中。借鉴社会学的社会网络研究,研究者还强调通过传媒实现弱势群体的有效互动。② 由于弱势群体的网络联系更多的是小范围的熟人网络,而整体的弱势在网络资源的利用上存在明显的缺陷。一方面,弱势群体渴望从身边寻找到能够激励的参照人群,另一方面,这样的参照人群在其身边并不多见。一些从弱势群体中走出去,并可以成为激励的参照人群也因为走出去而不再属于这个群体,所以往往并不能成为弱势群体直接可以利用的关系资源。那些从非弱势群体产生的成功者,自然就更不太可能成为弱势群体利用的关系资源。但有效的关系互动十分重要,互动的过程就可能产生出解决问题的方案。传媒的意义在于提供实践工具,树立可形成激励动力的参照人群,以增强弱势群体的自我意识感。

鉴于新媒体的广泛应用,新媒体的增权功能的社会实践性也获得了

---

① Miriam J. Metzger(2003). Credibility for the 21st Century: Integrating Perspectives on Source, Message, and Media Credibility in the Contemporary Media Environment. in *Communication Yearbook*, volume 27, pp. 296. LEA, inc
② 谢进川:《传媒治理论:社会风险治理视角下的传媒功能研究》,中国传媒大学出版社2009年版,第117—122页。

研究者的关注。近年来,已有研究者对新媒体增权进行了比较翔实的研究。① 其将增权理论概括为三个天然的取向:增权的对象是社会中无权的群体;增权作为一个互动的社会过程,与人类最基本的传播行为(信息沟通和人际交流)有天然的联系;增权理论具有强烈的实践性。研究者还对西方有关以手机、互联网为代表的新媒体增权理论的新近研究进行了总结。这些研究包括一般性功能研究、新媒体与增权的实证研究、情境式研究。一般性功能研究包括社交补偿、自我表白、减少刻板印象、提高跨文化对话能力等。新媒体与增权的实证研究通过访谈法研究发展中国家的女性难民如何通过网络的学习和使用实现增权。研究发现,女性难民通过网络实践在维持已有的社会关系、重建新的社会网络,获得社会支持、提高职业愿景方面有一定功效。网络实践也培育了难民心理赋权和自我认同,有助于社会安置与社会融入,还有助于培养集体记忆,唤醒集体意识。情境式研究强调将弱势群体的互联网使用置于其日常生活之中,尊重研究对象的需要、期望和特殊的经验以及他们对互联网技术的理解和运用。

第四节　媒介施政②

2008年6月20日,国家主席胡锦涛通过人民网强国论坛首次与网民在线交流。2009年3月28日,国务院总理温家宝也与网友在线进行交流。这反映了政府与媒介的结合已经不再是将政府工作在网上进行简单介绍,或者是开辟一个宣传的窗口,而是表现为一种政府与媒介结合的新趋势:媒介施政。

---

① 本部分有关新媒体增权研究依据丁未:《新媒体与赋权:一种实践性的社会研究》,《国际新闻界》2009年第10期。
② 对此的较早探讨见谢进川:《政府与媒介结合的新探索》,《理论前沿》2009年第13期。

一、媒介施政的含义

广义上的媒介施政指的是政府(及其相关职能部门)利用传媒进行管理、控制和提供服务的一切行为,包括在线政府、媒介公关等。狭义上的媒介施政强调政府(及其相关职能部门)出于服务社会的目的,利用媒介的广泛性、迅速性、低成本等特征,有效率地与群众直接进行沟通、管理和提供具体服务的行为。很明显,广义的媒介施政中的部分外延如媒介公关,更侧重于利用传播媒介宣传自己的政治主张、树立形象、争取支持的目的。虽然狭义上的媒介施政也会产生宣传政府的政治主张、树立形象、达到争取支持的客观效果,但这并不是其直接的出发点。对狭义上的媒介施政而言,沟通和管理是手段,目的是促使政府提供更好的服务。

媒介施政显示了新环境下政府与媒介结合的新探索。在早期的媒介与政府关系上,起主导作用的观念是宣传模式观念。在西方,大众传播学理论的兴起就与第二次世界大战时期的宣传实践研究有关。在中国,也一度十分强调媒体的宣传功能。之后,西方传媒实践受到权力制衡观念的影响,开始强调媒介的舆论监督功能,即总体上把媒介视为政府的对立面或对手。在中国,尽管党管媒体是一项基本的制度设置,但在面临政府权力过大的社会现实下,中国传媒在20世纪90年代也开始突出媒介的舆论监督功能。但问题是,除了舆论监督外,传媒的政治功能的表现形式还有哪些?在围绕舆论监督"再开放还是适当收缩"的争论始终没有结论的进行时中,中国媒介实现媒介与政府更好的结合在21世纪初始有了一定的突破性实践。

二、媒介施政兴起的社会背景

媒介施政与"媒介化社会"的出现有关。"媒介化社会"是对传媒与社会间关系改变的描述,它指的是由于传媒对社会的广泛渗透、影响,社会呈现出对传媒发展的适应性特征,甚至在一定程度上不得不如此适应的特征。主要表现为传媒广泛覆盖,人们对传媒的依赖性增强,社会事务的呈现和解决往往需要(有时候甚至是必须)通过媒体,并采取与媒介传播相适应的行动才能得以解决和完成。这就要求政府必须就相关事件对传媒做出回应,甚至是及时的回应。如曾有媒体披露,时任山西省省长的于幼军在分析"黑砖窑事件"的重要教训时指出,由于没有敏锐地把握媒体特别是网络媒体的舆论动向,从而使自己陷入了非常被动的处境。但与其总是被动地对媒体做出回应,不如化被动为主动,直接实现和媒体的结合,这对政府而言就是媒介施政。

媒介施政也与社会风险的现实语境有关。中国经过 30 多年的改革开放,在取得巨大成就的同时,其存在的问题也日渐突出。有统计显示,如果以 1994 年等于 100 为基点计算信访指数,2004 年全国县级以上党政机关的信访指数、全国法院信访指数、全国检察院信访指数、全国总量信访指数分别为 332、72、81、174。研究者指出,在信访总量上升的大背景下,法院和检察院的信访量呈下降的趋势反映出司法作为最后一道权利救济线的权威和人们对它的信任感有下降趋势。① 与法院和检察院的信访量呈下降的趋势形成对比的是,人们通过传媒获得救济的愿望大大增加,这从一个方面说明社会需要增强制度信任,同时也表明传媒在社会信任中的重要性。如此一来,政府与媒介的结合无疑是实现社会信任的有效途径。

三、媒介施政的社会功能

媒介施政有利于直接的越级管理,突破官僚制度的层级缺陷,促进权力边缘(弱势群体)向权力中心的接近,增强了解决问题的能力。Tilly 在

---

① 胡联合等:《影响社会稳定的社会矛盾变化态势的实证分析》,《社会科学文摘》2006 年第 6 期。

1978年的《从资源动员到革命》中提出政体模型观点,认为国家作为一个政体,由政体成员和政体外成员构成,其中政体成员又包括政府和一般成员(如财团和利益集团)。一般成员通过常规、低成本渠道对政府施加影响及决策过程。政体外成员资源不足,加上政治壁垒的存在,难以产生影响或者会付出很大的成本。① 而媒介施政则开辟了政体外成员(特别是弱势群体)接近权力的通道。如河北人民广播电台与河北省民主评议办联合开办的"阳光热线"节目,参加河北省民主评议的61个省直部门,每次由一名厅级领导带领2至4名处级干部,轮流到直播间接听群众电话和手机短信,解答政策咨询,受理听众投诉。

媒介施政是一个三方受益的过程。对于群众来说,直接地解决了问题,或间接地促进问题解决,减少了相关问题的发生,因而减少了行政侵害、行政不力等风险。对于传媒来说,通过政府的满意和群众的满意增进了节目的满意度,并由于行政机构的参与,获得了准行政权力,增加了其直接面对和解决问题的权能。但很明显,传媒这次的赋权不是来自公众,而是直接来自行政。

媒介施政成功的原因可以简单地概括为:行政权力的支持、主动与被动的有机结合、较低的参与成本、及时地处理问题。媒介施政因媒介形态的差异使其社会功能也存在差异。广播电视因为拥有延迟控制技术,可"有选择"地将热线电话切进直播间,因而反映的问题基本上是可接受的,"挑刺"总是可控的。而对于互联网,它直接表达的是原始形态的民意,因此反映的问题以及使用的话语难免比较偏激,这也给网络媒介施政提出了挑战。另一方面,互联网具有空间和平台双重意义,媒介施政通过网络会比通过传统媒体更容易获得建议,从而扩大了行政吸纳的效果。同时,传统媒体总是需要特定的演播室,这无疑使得通过传统媒体的媒介施政在时间和空间限制的因素方面有不可避免的不足之处。相反,网络

---

① 赵鼎新:《社会与政治运动讲义》,社会科学文献出版社2006年版,第190页。

媒体可以二十四小时连续进行,并使得空间具有移动性(如移动办公)和多元性(家里和办公室都可以)。

四、媒介施政存在的问题

在肯定媒介施政的积极社会意义之余,有一些问题也值得反思。

高层领导人何以能坚持？热线电话难打如何处理？问题较多而进入媒介议程的问题却较少的矛盾如何处理？问题解决的"优先权"是否合理？地方领导人是否会疲于应付？他们的常规工作是否会遭到一定程度的冲击？如何评估这些冲击的影响程度？诸如这些问题,都是媒介施政过程中需要进一步考虑的。

同时,依托于任何媒介形态的媒介施政都面临对问题的整合和引导,如传媒如何引导公众关注更多的公共问题,而不是仅仅局限于自身的个人问题；如何着力于问题解决与政策讨论相结合,提升社会在政策制定、执行方面的参与功能,从而提高政府科学执政、依法执政的能力；如何最终把监督与公众解决问题的智慧动员起来,共同创设一个既监督又献策的公共治理空间,增强社会的可接受性。

总之,媒介施政开启了传媒与行政有限结合的思路。之所以说是"有限",原因在于传媒自身也具有相对独立地参与社会事务的能力,媒介施政对于传媒而言主要是平台工具效能的发挥,而不是传媒主体效能的全部。认识这一点很重要,否则随意扩大这一模式将会把传媒从原来的宣传工具仅仅转变成施政工具,从而局限于解决有限的问题,也容易损害互联网社会的未来。

第三章
微博契机

第一节 传统媒体的参与分析

社会问题是社会管理的重要内容之一,而弱势群体本身又是社会问题的具体表现之一。同时,如果弱势群体问题处理不妥当,还可能导致其他社会问题发生或被强化。本部分主要关注传统媒体与社会问题的关联性内容。为方便论述,具体分析中不再刻意使用"传统媒体",直接以"传媒"称谓之。具体的论述涉及:社会问题与传媒报道、传媒与弱势群体。

一、社会问题与传媒报道[①]

现代性卷入的变革"在外延方面确立了跨越全球的社会联系方式;在内涵方面,它们正在改变我们日常生活中最熟悉和最带个人色彩的领域"。[②] 这也意味着,当今社会问题并非按照一种旧有的模式或轨迹发

---

① 也可参见谢进川:《社会问题报道与问题理念概论》,《东南传播》2011年第4期。
② 〔英〕安东尼·吉登斯著,田禾译:《现代性的后果》,译林出版社2000年版,第3页。

展,我们需要在探索中进行解决。这种探索性内在地表现为"解决"的不确定性,外在地表现为社会问题会不断以事件的方式呈现出来。因此,社会问题理念一定程度上变成了有关社会问题事件的理念。虽然前述的社会问题一般理念可以促进我们更好地理解事件的社会问题本质,但它们又无一例外地存在局限,那就是不能说明社会问题事件在当下中国所具有的特殊意义。其意义恰恰在于,它是"事件的"而不仅仅是"社会问题的"。

西方传统的公民社会观念强调的是社会组织的基础性地位,而非公民个体。与西方传统不同,中国的公民社会的社会组织发育不足,[①]由此造就了公民个体联结的自发性和暂时性特征。

社会问题事件对于中国公民社会而言,是一个临时搭建的参与舞台。它使"消失"的主体的身影得以呈现,让其他的社会主体看到他们的"表演"。在面对"工人和农民作为'阶级'主体存在的政治空间与传媒空间基本消失"的结论的时候,[②]恰恰又会因为社会问题事件的发生而发现"阶级"主体的存在。虽然距离想象的主体感存在差异,但毕竟是一个"恢复"的事实。同时,这样的"表演"也不尽然是悲剧性的。

可以说,社会问题事件也是一种资源。一定程度上,事件的不确定性恰恰以看似奇怪的方式暗合了中国公民社会的发展状况。事件过程中存在的互动不仅激励了人们的行动,也因"偶然性"而非预谋的方式赢得了行动的合法性。事件直接的关系人有时变得不再重要,重要的是事件所卷入的其他人群也获得了参与和自我被发现的契机。当更多的人群围绕事件纷纷施之以不同情感或行动支持的时候,"表演"又变成了群人"汇演",并表现出纷繁的特征。是否是舆论领袖或者说新意见阶层并不重

---

① 俞可平将其概括为四个特征:官民双重性;过渡性;不规范;不平衡。俞可平:《中国特色公民社会的兴起》,《21世纪经济报道》2005年12月5日。
② 吕新雨、赵月枝:《中国的现代性、大众传媒与公共性的重构》,《传播与社会学刊》2010年第12期。

要,重要的是说出来了,并被听到。其形成的公共领域也并非一定是哈贝马斯倡导的交往理性,但它以自在的方式过滤了一些主张,形成了意见的交集。因此,它又具有公共领域的雏形。同时,事件过程也让公民意识有所觉醒,并逐渐地意识到其公民身份,从而以偶然的方式完成对自我政治身份的体察。显然,公民身份不同于社会其他身份,它是"个体与政治之间关系的制度化,它表现为个体在政治秩序中的成员资格,以及与这一资格联系在一起的权利和义务"。① 由于事件本身具有的传播价值容易将传媒吸引进来,使得社会主体也有将社会问题事件化的冲动。这些事件借助媒体传播,彰显了身份的意义、公民联结的价值以及存在的力量感。

近几年的社会问题事件报道反映了中国传统媒体以事件为契机谋求社会变革的动机。在具体的操作策略上,传媒报道选择的是"合情性"与"合理性"的建构策略。"合情性"建立在情感逻辑的基础上,主要是通过"受难叙事"的使用来实现的。它带来对"苦难"的主人公的同情,对导致"苦难"的对象的"愤怒"。"合理性"表现为理智而明辨,话语内容表现出高度专业知识的特征。② 在极端的情形中,传媒甚至刻意制造"合情性"情境。在河北"聂树斌错杀案"的报道中,不少的媒体记者"怂恿他的母亲到儿子的坟头上去,有的记者甚至连拉带哄地把她往那领,她实在不想到儿子的坟上去。无非就是,妈一到那儿就伤心,然后记者一阵大喜,趁机狂拍,特别是一些图片记者"。③ 在美国,1992 年的"白人警察殴打黑人罗德尼·金(Rodney King)事件"经过美国 ABC、NBC、CBS 三大电视网 82 秒的剪辑处理,主要记录了警察殴打罗德尼·金的片段,错过了之前的罗德尼·金酒后驾飞车,与警察对峙、顽抗、拒不服从管教的事实场景。不断的播放以及法院判定白人警察无罪的结果引发了洛杉矶大骚乱。这一

---

① Peter Riesenberg 的观点,转引自师曾志:《公共传播视野下的中国公民社会的发展以及媒体的角色》,《文学选刊(理论研究)》2009 年第 12 期。
② 李艳红:《大众传媒、社会表达与商议民主:两个个案分析》,《开放时代》2006 年第 6 期。
③ 陈力丹:《艰难的新闻自律》,人民日报出版社 2010 年版,第 167、168、170 页。

报道被解释为与赚取受众的收视率、注意力进而获取广告利润的商业机制有关。① 但更深层的原因则是美国社会对种族问题的敏感,事件仅仅是诱因,商业也仅仅是推手。该报道事件也反映了当时媒体对种族问题敏感性的缺失和传媒强大的社会事实建构能力。

同时,在其他一些具体事件报道中,也体现了中国与西方媒体报道的差异。中国某城市的一家五金生产企业排放含氰化物剧毒物质超标的污水,华南地区某报进行了重点曝光,因反响巨大引起了环保部门的关注和不满。在后续的报道中,该报纸则有意地运用了"坚决打击非法排污,环保部门感谢本报某某栏目曝光,正在根据报道提供的线索展开调查"的语言,以"强调环保局的处罚决心"。② 这反映了中国以正面报道为主的新闻报道准则,也被认为体现了中国传统文化中追求"真"、"善"、"美"合一的思想。即当"真"有可能危及"善"和"美"时,我国媒体会为求"善"和"美"而舍弃"真",不予报道,而西方则恰恰相反。③ 中国传媒的这种惯性做法也反映了非正式制度对社会问题理念的影响,和事实上对传媒社会问题报道形成的规制。

对于转型中的中国,社会问题(及其事件)本身纠结了制度、政策、利益主体的博弈。对社会问题报道的审视不仅是当下的,更是历史的。"离开了历史意味着丧失了重要的政治敏感"的观点强调了从传统中获得批判性启示的资源,认识到"书写和解释历史"的多种可能,从而拒绝各类"终结"的措辞和"遗忘"的宣称,进而主张实现参与和历史的建构的目标。④ 这一观点的启示在于,将社会问题报道纳入传媒参与社会问题管理的历史进程中进行审视。治理理念的内在视角需要传媒保持和促进社

---

① 贺文发:《危机传播中的政府、媒体与公众》,《山西大学学报(哲社版)》2010年第3期。
② 陈力丹:《艰难的新闻自律》,人民日报出版社2010年版,第66页。
③ 任正安:《中西传媒角色比较与转型期中国传媒角色形塑》,2http://media.people.com.cn/GB/22114/44110/44111/3758759.html。
④ 王维佳、赵月枝:《重现乌托邦:中国传播研究的想像力》,《现代传播》2010年第5期。

会治理结构的弹性,不断把各类主体吸纳进来。针对中国社会主体地位变化的历史,传媒有必要正视社会结构中的张力,确认和发现社会问题事件中的主体分化和深层互动,从而对其进行合理的社会建构。

二、传媒与弱势群体①

(一)传媒关注弱势群体的原因

一些研究者认为,传媒关注弱势群体在于新闻人的职业理想、新闻策划与舆论导向要求的合力,以及突发事件的影响。② 但如果作更概括的归纳的话,传媒关注弱势群体的原因主要包括人文主义观点和工具主义的观点。人文主义的观点主张正义的价值观念,它是一种普遍的人类自我关怀,是对人的尊严、价值、命运的维护、追求和关切。③ 工具主义的观点主要是出于实用主义的工具理性,它涉及个人层面与社会层面。个人层面的工具主义观点倡导传媒的公共性干预,以规避个人在未来可能出现的风险遭遇。《中国青年报》的记者卢跃刚用了四年时间完成《蹊跷的特大毁容案》报道,④对于其中的动机,作者作了工具主义的个人表述:"在调查武芳特大毁容案时,我有过恐惧,因为随着调查的深入,我惊恐地发现,像武芳这样的恶性事件很有可能发生在我们任何一个人身上。这是最让人恐惧的。为什么要关注弱势群体? 是因为我们也可能遭遇相同的命运。"⑤从社会层面来说,工具主义认为传媒关注弱势群体是构建和谐社会平衡机制的需要。构建和谐社会需要动力机制和平衡机制。动力

---

① 也可参见谢进川:《近十年来传媒与弱势群体研究的进展》,《中国出版》2010 年第 20 期。
② 汪凯、陈崇山等人的观点,参见汪凯:《转型中国:媒体、民意与公共政策》,复旦大学出版社 2005 年版,第 135—143 页。
③ 叶朗:《人文精神的坚守和呼唤》,《人民日报》(海外版)2001 年 1 月 2 日。
④ 1988 年陕西省礼泉县烽火村妇女武芳因长期与丈夫有矛盾提出离婚遭到拒绝后出走,后被村干部骗回村,发生特大毁容毁身。参见卢跃刚:《蹊跷的特大毁容案》,《中国青年报》1996 年 8 月 8 日。
⑤ 《名记者卢跃刚败走陕西》,《文化时报》2001 年 3 月 28 日。

机制是提供和传输社会运动、发展变化的能源和能量,平衡机制是维护和保持社会各部分及各种力量之间的协调、稳定和平衡。① 传媒在促进社会变革与维持社会平衡运行方面,主要发挥吸纳、评论和动员的功能。

(二)主要研究的阶段划分

(1)2000年至2005年的发轫阶段。与人文精神在20世纪90年代中期的兴起有关,这时期的电视、都市报都表达了对普通群体日常生活的关注,热衷于讲述"老百姓自己的故事"。孙丽萍(2001)的《人文关怀精神对大众传媒的影响和意义》认为,人文关怀和大众传媒两者一拍即合的背后,存在着一个深广的社会转型期的现实。在转型期中国法律等制度的社会控制手段尚不够完善、健全的时候,选择"人文关怀"这种文化控制手段为在社会转型期的新闻传媒指引出了确切的方向。张卓(2004)的《中国传媒公共领域角色的异化与重建》指出,在"人文关怀"的旗帜之下,"爱心世界"、"阳光行动"等成为媒体的常设栏目,加之都市报纸的成长,弱势群体故事的偶发性已不足以满足媒介数量与版面的扩张,都市人的情感故事、个人隐私成长为新一轮的热点。2003年,SARS事件、孙志刚事件(一个27岁的大学毕业生,一个被错误收容并惨遭故意伤害致死的广州某公司职员)的发生,引发了对媒体与社会的思考。王敏芝(2003)的《从媒介生态看政治生态——孙志刚案件引发的思考》通过对媒体互动、媒体与社会的互动、媒体与政治的互动的考察,认为中国新闻媒体监测功能日趋完善,新闻媒体在我国政治民主化进程中扮演日益重要的角色,促进了中国民主法制的建设。同时,鉴于20世纪90年代以来改革深入导致利益格局调整,社会问题的凸现映射了转型矛盾的加剧,在关注利益受损群体的同时,研究者们更关注了舆论调控。姚休(2004)的《社会热点问题与媒体舆论引导》强调通过媒体评论、新闻报道、专题报

---

① 李忠杰:《辩证把握构建和谐社会的新理念》,《教学与研究》2005年第6期。

道以及民生专栏等进行多渠道管理,掌握社会热点问题的动向,做好第一反应。但这一时期并没有突出社会关系结构中人存在的"弱势",因此很大程度上是用"小人物"取代"弱势群体",是用"中性"取代"阶层性"。对特定事件(如孙志刚事件)的关注,反映的是以事件为契机谋求社会总体性变革的内在动机,但对社会制度的总体性反思并不能代替对弱势群体的反思,尽管后者的弱势在一定程度上也同特定的制度性设计相关。

(2)2005年至2006年的转换阶段。由于十六届四中全会《中共中央关于加强党的执政能力建设的决定》首次完整提出了构建社会主义和谐社会的概念,受此影响,传媒与弱势群体的关系主要是在构建和谐社会的框架下展开,将传媒关注弱势群体作为宏大的系统工程建设的一部分进行叙事。罗以澄(2005)的《和谐社会框架下的新闻传媒发展》、罗以澄与詹绪武(2006)的《新闻传媒发展与和谐社会构建》、刘保全(2006)的《新闻传媒在和谐社会构建中的作用》就主张在在构建和谐社会的总体布局中提高新闻传媒的运用能力,克服新闻传播中的不和谐问题,推进新闻传播观念、新闻传播体制与技术性创新,从而推进新闻传媒的和谐发展,并概述了传媒在舆论监督、大众知情权方面的作用。这一阶段的研究正视了社会的结构性和非平等性,将解决弱势群体的问题纳入了社会发展战略之下,从而提升了研究高度。但在研究中贪大的心理和对宏观性视角的强调也导致此阶段的研究有大而空之嫌。

(3)2007年以来的发展阶段。与前面相比,这一阶段深化的倾向明显。曾来海(2007)的《大众传媒对社会弱势群体的援助方式》就注意到了信息援助、经济援助、激励援助、发展援助和舆论援助。丁柏铨(2007)的《新闻传媒:社会公平正义的推动力量》关注到了商业利益影响下,媒介话语资源的分配不均衡,由此导致了媒体中弱势群体话语的缺失以及对弱势群体的偏见。陈建胜(2007)的《新闻传媒:弱势群体的利益表达渠道》指出,经济机制和文化机制(主旋律报道和主流意识形态报道)使得新闻媒体在弱势群体的利益表达方面存在不足,主张坚持"平民化"的视角,广开渠道让弱势群体发声。叶晖(2008)的《大众传媒与当代中国弱势群体问题》从传媒自身角度和社会阶层分化角度分析了存在的问题,主张提升传媒从业者的素养,重塑弱势群体的主体意识。曾来海(2009)的《大众传媒对弱势群体的社会排斥》用社会排斥理论分析了传媒从定位上对弱势群体孤立,从内容上对弱势群体疏远,从舆论上对弱势群体歧视等问题。

(三)弱势群体的媒介使用与媒介呈现

已有的研究指出,弱势群体的媒介接触频率较低,接触较多的是电视和广播,关注的内容不是新闻和时政内容,而是倾向于选择娱乐性内容。研究者认为这不利于人们的现代性观念的形成。对于不同传媒对弱势群体关注的差异,研究者指出,市民化的媒介更多关注具体的民生问题和事件,《南方周末》那样的持精英立场的媒介更注重长期的、具有结构性的社会问题。[1]一些研究者对农民工利益的传媒表达进行内容分析,将农民工利益在新闻报道中的呈现方式分为四类:利益实现型报道、利益承诺型报道、利益诉求型报道和其他报道。在利益承诺型报道中,研究者发现多数新闻报道是将农民工利益作为某种事件或活动的实现对象在报道中予以呈现的,报道的侧重点不是"利益"本身,而是"帮助实现农民工利益的某种事件或活动"。农民工的子女受教育权利、依法获得报酬的权利、享受社会服务和社会保障的权利,在新闻报道中以"报道客体"的方式出现,"农民工"这一符号性名词在这些报道中常作为语言结构中的"宾语"出现(如"捐助"、"为"、"送"等援助性动词的宾语)。研究者的结论是,受众在进行文本解读时,很有可能将"农民工"与"受助者"、"服务受益者"、"权利被侵害者"等形象类别相联系。[2] 其他类似研究还包括传媒对

---

[1] 汪凯:《转型中国:媒体、民意与公共政策》,复旦大学出版社2005年版,第135—143页。
[2] 刘隽:《大众传媒中弱势群体利益表达现状》,《西南政法大学学报》2008年第2期。

弱势群体报道的误区、传媒报道的歧视等。

特别是面对一些结构性问题,一些研究者认为,传媒对个体性因素的过于强调会"捡了芝麻、掉了西瓜"。哈特曼在《大众媒介与乡村生活》中重视结构性力量,认为把关注点放在个人身上的做法(如成就激励、情感认同等)的研究是一条狭隘的路径。总之,持有结构性取向的研究者将发展的问题集中于制度,而不是个人心理,即使探讨个人,也更关注个人生活于其中的结构性语境。这种结构性层次关注婚姻、宗教、年龄、种姓、性别间人们的关系等变量。① 其实,立足点是个体还是结构只是研究性的人为区分。个体总是在一定的结构语境下发挥其主体性,而一定结构语境下的个体也总是存在主体性的。作为深入性探讨的需要,应当在结构语境下分析个体的主体性,比较不同结构语境下主体性的差异。针对中国的研究,这种结构性取向还必须特别考虑城乡结构和一部分的职业结构因素。

近些年逐渐兴起的话语研究促进了这方面研究的细致化。话语指涉思想和传播的交互过程与最终的结果,话语是制造与再造意义的社会化过程。② 如今话语分析已经不限于语言的形式分析,它也在广阔的社会历史语境中寻求语言的内涵。而且话语分析也不限于最早的谈话文本范围,而是覆盖了其他类型的各种符号系统。特别是当把话语和权力看作是社会控制的武器和手段,把话语作为实践来研究的时候,更能够发现弱势群体在社会历史中的地位。国内有研究者考察了"城中村"的媒介话语的建构。认为通过"独白与合声"视角考察传媒中的新闻来源,可以了解新闻来源的权威性是否足以独立支撑事实和观点,以及传媒反映的事实和观点与其他话语来源形成的对话情况。从中可以进一步了解哪些话

---

① 〔美〕柯克·约翰逊著,展明辉译:《电视与乡村社会变迁》,中国人民大学出版社2005年版,前言,第32、103页。
② 〔美〕约翰·费斯克等著,李彬译:《关键概念:传播与文化研究辞典》,新华出版社2004年版,第84、85页。

语来源倾向于共同呈现,哪些应该形成对话而未能形成对话。研究者发现,从新闻源采用的独白与合声来看,政府和职能部门多数是以独白的形式发言,新闻记者有三分之一独白,合声的对象主要是政府和城中村居民。专家的发言都是与地方政府联系在一起,而与城中村居民对话较少。民主党派发言机会不多,总是独白。城中村居民独白的机会很少。因此,主导性新闻内容(政府工作、公共问题)主要来自于主导性新闻来源(政府和职能部门)。于是,城中村在中国主流媒体上主要被呈现为城市社会的异端空间以及政府和城市改造对象,而城中村在城市化过程中对于原住民和城市农村移民的现实和潜在的社会价值很大程度上受到排斥和否定。尽管传媒对城中村新闻报道的关注程度不断提高,话语场逐渐开放,但并不能够撼动主流话语的主导地位。①

同样的分析方法也被用在"小产权房"问题的传媒报道分析中,并发现了类似问题。② 一方面,传媒报道的各个主题并不平衡,占据百分之五十以上的是"违法问题"主题。政府职能部门作为话语来源的机会最多,其次是专家学者,之后是社会组织(如房产协会)。而小产权居民、农村居民、村镇政府和城市居民的话语机会均较低。因此基本可以得出一个结论:政府职能部门和专家学者共同主导了话语权,特别是考虑到社会组织的特定倾向性,他们对话语权的支配现状十分明显。而特定议题与相应人群的重要性之间并不匹配,"小产权房"报道并未真正地表现出居住问题背后复杂的社会冲突本质。

在西方传媒报道中,在作为信息来源的话语源主体的选择上,受到新闻客观性追求的影响,传媒倾向于选择权威性信息来源。但这种对权威的要求并不见得是基于内容的合适与恰当,"这些最'合适的'来源——有效、清晰、方便、明显的具有权威性——通常是权力机关的发言人或决

---

① 袁艳:《城中村的媒介话语建构》,《新闻大学》2007 年第 1 期。
② 谢进川:《传媒治理论》,中国传媒大学出版社 2009 年版,第 79、83、85 页。

策者。"①尽管中西方解释不同,但不平衡的话语来源的事实提示人们,要注意到具有话语霸权的人在建构社会问题时所占据的主导地位。

在国外,一些研究者甚至还将传媒所呈现的广告与弱势群体相联系,认为广告诉诸人的欲望、自大、虚荣、空虚、贪婪,支配了人们的生活,导致人的生命、家庭、宗教和道德不再完整,人的尊严不再值得尊重。其中小孩、年轻人、老年人、贫困的人以及文化水平低的人最容易受到影响。如对于小孩,广告通常的做法是利用小孩轻信和容易受到暗示的特点,使得孩子的父母不得不去购买事实上并不具有真正好处的产品。对于老年人,广告则是诉诸各种担忧,以说服老年人倾其有限的财产去购买并不可靠的商品或服务。②

(四)新的可能

传媒与弱势群体体现了人们对传媒公共性实践的关注,全球的媒介都经历着发展和变革,谋求建立公正和正义的社会是一个主要的目标,也是实现可持续发展社会所关注的目标。未来传媒对弱势群体具有多大的意义,除了技术外,更取决于发现更多问题、发掘更合适的策略和对结构性因素的充分把握程度。

必须看到的是,全球媒介技术虽然开辟了一定空间范围,但市场经济的操作也关闭了其中一部分区域。③ 个人在经济生活中原本扮演一系列的角色,诸如工作者、消费者、市民或投资者,但研究者们注意到,经济新闻关注的是投资者的活动和利益。在他们看来,大量的经济新闻将股票市场描述为活跃的经济新闻的全部。造成的后果是其他部分被遗忘,比

---

① 〔加拿大〕罗伯特·哈克特、赵月枝著,沈荟译:《维系民主? 西方政治与新闻客观性》,清华大学出版社2005年版,第80、112页。
② http://www.vatican.va/roman_curia/pontifical_councils/pccs/documents/rc_pc_pccs_doc_22021997_ethics-in-ad_en.html
③ 〔英〕尼克·史蒂文森著,顾宜凡等译:《媒介的转型:全球化、道德和伦理》,北京大学出版社2006年版,第170页。

如商业新闻公司利润的上升,也许反面伴随的就是扩大的被解雇人群。商业新闻即使涉及解雇,新闻的故事也是暗示解雇对于股票市场的意义以及工人蓄水池对雇佣者的意义。对于涉及劳动市场的报道,经济新闻对失业者的经历总是投以较少的注意力。研究者们甚至指出,每一份新闻报纸都有商业领域(Business section),但很少有劳工领域(labor section)或消费者领域(consumer section)。反之,如果有新闻从劳动者角度去界定经济的健康与否,则一定会被打上反商业(anti-business)或亲劳工(pro-labor)的标签。[1]

当然除了经济的结构性因素外,还要把握阶级(阶层)间、性别间、种族间存在的支配性与被支配性,关注传媒在其中扮演了怎样的角色,从而为改进传媒的行动提供基础。

而就传媒与弱势群体的社会管理的具体策略来说,还可以引进合适的社会控制理论(如社会学习理论和社会失范理论)以发掘合适的策略。社会学习理论强调互动学习,认为奖励和惩罚是影响学习过程的重要的外在因素,情景定义与行为模仿是影响学习过程的重要的内在因素。这种理论主张通过改变个体与亲密群体的互动,改变所生活社区的文化价值观,从而形成有利于预防和控制社会问题的奖励或惩罚,由此达到对社会控制的目的。该理论的启示在于,传媒对破坏社会价值和秩序的行为进行适时曝光将形成有利于社会秩序的奖励和惩罚,最终通过外在因素影响弱势群体的社会学习过程。如果弱势群体通过传媒能够参与到更广泛的社会问题讨论中,促进各阶层之间互动的话,也将改变弱势群体个体与社会的互动状况,从而可能形成新的情景定义,进行新的行为模仿,进而通过内在因素影响弱势群体的社会学习过程。社会失范理论则认为,失范是规范和价值相互冲突或者规范与价值相对脆弱、阙如的一种社会

---

[1] David Croteau and William Hoynes(2003). *Media and Society: Industries, Images, and Audiences.* pp. 171 – 172. Sage Publications. Inc.

状况。或者是社会正式与非正式控制功能的下降导致社会问题的产生，或者是由于结构性紧张导致社会问题产生(即一种文化提出了作为普遍欲求的目标，以及实现这些目标的社会认可的手段。但由于社会结构的限制，一些群体没有或缺少足够的机会通过这些被社会认可的手段实现普遍欲求的目标，于是以放弃或部分放弃文化认可的方式采取行动)。按照这种理论，实现社会控制的目标在于完善社会控制手段或者是消除社会文化同社会结构之间的紧张。如果传媒关注到了正式与非正式社会控制功能下降这种状况的话，将有助于促使相关部门及时地修正规范的缺失(包括促进更合理规范的建立)，恢复社会的控制功能；如果传媒致力于让弱势群体获得适当的机会(包括救济)去实现合理化的普遍欲求目标的话，也会减少弱势群体社会失范行为的可能，并增加弱势群体对社会的认同感，有利于减少社会冲突。

这种面向未来的反思，并非仅仅是思考传统媒体，也是思考新媒体的一个起点。当以微博为代表的新媒体发挥越来越明显的政治与社会效果的时候，更是如此。

第二节 微博参与的可行性[①]

新时期我国提出的社会管理主要是政府和社会为促进社会系统协调运转，对社会系统的组成部分、社会生活的不同领域以及社会发展的各个环节进行组织、协调、监督和控制的过程。它的基本任务包括协调社会关系、规范社会行为、解决社会问题、化解社会矛盾、促进社会公正、应对社会风险、保持社会稳定等诸多方面。所有这些都离不开包括微博在内的媒介参与。

---

① 还可参见谢进川：《微博参与社会管理的可行性分析》，《新闻界》2014 年第 11 期。

一、从微博到"微博中国"

尽管在历史上从来没有热捧过"报纸中国"、"广播中国"和"电视中国"之类,但我们今天说"微博中国"并不为过。

"微博中国"显示了对微博情境下中国体验的强调。由于"中国体验"力图关注在"现代化转型中,作为现代化之主体的中国人的精神起了何种作用;他们的欲求、愿望和人格在改变中国的同时又发生了何种改变;表现他们喜怒哀乐的社会心态是如何随着社会的变迁而潮起潮落;最后,他们的精神世界遭遇过,以及现在又在面临何种困窘茫然甚至创痛"。① 微博情境下的中国体验就表现为现代化转型的大背景下,中国人的精神、欲求、愿望、人格、喜怒哀乐在微博场域中的表现,他们现实的遭遇以及现在又在面临何种困窘茫然。事实上,微博既传播着,又记忆着,从而也构成一种记忆的传播。微博记忆作为主观历史的表现形态之一,从更小的界域呈现书写文本,言说老百姓自己的故事,表达特定的生命体验、社会认同和社会梦想。也恰恰是通过对记忆的讲述,无论对于百姓个人还是社会来说,都是"支持记忆、保存过去、激活以往体验乃至构建集体认同的一个根本要素"。② 这种讲述不仅仅是关于回忆的体验,也是对过去材料的删减、选择,用以建构特定认同的体验和价值内容,从而可能影响未来的行动方向。

而那些"关于过去的创伤和荣誉的表述加强了个体与社群之间的联结,其中所包含的对于社群的威胁可以转化成冲突的动力"。③ 如此一来,"微博中国"还蕴含了其政治性的一面。微博在中国社会的强劲发展成为世界新媒体应用中一道独特的媒体政治景观,进而成为了中国另类

---

① 周晓虹:《中国体验:社会变迁的观景之窗》,《探索与争鸣》2012 年第 2 期。
② 〔德〕哈拉尔德·韦尔策著,李斌等译:《社会记忆:历史、回忆、传承》,北京大学出版社 2007 年版,第 93 页。
③ 李路曲:《文化分析中的诠释理论及其研究范式介绍》,《政治学研究》2012 年第 1 期。

媒体运动实践的一部分。中国公众对微博的偏爱,传统媒体与微博的结盟,加之国家层面针对微博的开放性理念等,最终让中国发展进程深深地打上了微博烙印。2011年2月19日,胡锦涛在"省部级主要领导干部社会管理及其创新专题"研讨班的讲话中要求:"进一步加强和完善信息网络管理,提高对虚拟社会的管理水平,健全网上舆论引导机制。"作为国家对社会吸纳的进一步肯定,2013年11月12日的中国共产党十八届三中全会报告明确了社会治理理念及其相应要求,认为"创新社会治理,必须着眼于维护最广大人民根本利益,最大限度增加和谐因素,增强社会发展活力。提高社会治理水平,要改进社会治理方式,激发社会组织活力,创新有效预防和化解社会矛盾体制"。显然,这里并不限于将包括微博在内的虚拟社会作为对象进行管理,而是包括了对作为行动主体和社会治理资源的管理。进而,微博也不再被认为是一个被动变量,而被纳入到国家社会整体意识的框架中,甚至不再被视为参与社会管理的重要社会力量。

二、微博重组公众

微博重组公众的过程具有二重性表现。一方面,"那种将人们从现代社会机构中抽离出来的力量,自身也变成一种促进个人化的新'社会机构'。这是一种孤立、多元的个人叙事,是一种依赖众多机构、处于恒久'抽离—再嵌入'的状态,是不得不自我负责的个人化生活"。[①] 另一方面,微博在带来碎片化的同时又在实现新的聚合。微博政治的动力莫不是来源于其聚合的特性。如果借用鲍曼关于液态现代(liquid modernity)和固态现代(solid modernity)的词汇,微博主体的传播流事实上一方面以液态的方式满足了现代的流动性需求,另一方面又以固态的方式实现了传播流的势能。从某种层面上说,现代社会不仅是存在于传播之中(杜威

---

① 马杰伟、张潇潇、陈韬文:《媒体现代:传播学与社会学的对话》,《传播与社会学刊》2011年第18期。

语),更是表现为社会被卷入到传播流之中。当然,这种固态化的方式也依赖于微博传播技术对人际关系的模拟,达到了网络化的生存状态——我们相距甚远,我们并不相识,但我们又很近,似乎就是邻居。简而言之,人们通过包括微博在内的网络日益得以快速地实现共同体存在的实在性。

就微博重组公众后的集体行动能力来说,其行动的势能有自身的生成逻辑。很大程度上,微博是以议题(事件)的方式推动了公众的组织化,以"众"的方式恢复了公众的社会政治力量感。在中国社会语境下,"众"本身往往就是一种显示力量的存在方式。所以,在中国过去的话语中才有"人多势众"、"法不责众"的说辞。虽然在传统的权力观念运作中,"'势'是'权'的力量范围,是由'权'决定的,'势'意味一个人、机构或行为一旦获权之后所能够得到的待遇以及发挥影响的程度",[1]但这个意义是基于以"权"为起点对"势"的考察,从而"势"本身成为衡量"权"的实践性指标。但如果以'势'为起点考察,会发现"势"是可造的,"势"也是可借的,且"势"可顺应而起的。微博借势的常见做法是@知名人士进行转发或评论,特别是通过评论名人的话题倾泻自己想要表达的议程。尽管中国的知名人士除非为获得特别的传播力量需要,一般很少对普通微博公众的传播行为进行具体的互动,但@知名人士本身就容易实现在知名人士粉丝群中曝光。如若被部分粉丝关注或采取相应的传播行动,借势传播就宣告完成。众多弱传播关系通过星星点灯的方式实现扩大传播,一旦达到特定的传播临界点便实现传播力的跃升。但不管是"众势"、"借势"还是"顺势",如果"势"本身到达一定程度的话,就能成就特定的"势能",导致与"权"之"势"(即权能)相制约、抗衡和对峙。显然,两种情形就不是简单的"权"与"势"的转换问题,而是表征了微博组织化力量与一般权力力量的不同生产逻辑。前者直接促成了微博公众政治效

---

[1] 姜飞、黄廓:《新媒体对中国权势文化的颠覆和重构》,《探索与争鸣》2012年第7期。

能感的提高,成为微博参与社会管理的主观性认知基础。

微博对公众的组织化通常遵循不同的动员方式。研究者一般将其主要总结为框架动员、情感动员和共意动员,其中框架动员主要通过"标注功能,即强调和突出某种社会状况的严重性和不公正程度;归因功能,即为某个成问题的社会状况找到罪魁祸首,并提出解决方案"。[1] 事实表明,认知动力和情感动力二者共同促成共识产生,进而引起一致的行动。即共识是动员的结构、表现和到达行动的中介机制。在近些年的微博公众行动事件中,人们很容易洞察到这一点。

事件的仪式化是微博快速实现公众聚合的重要策略。敏锐的研究者已经注意到,"'媒介事件'实质上是仪式性媒介事件(ritual media events)或媒介化仪式(mediated rituals),媒介事件能定期引发社会关注,聚焦社会中心的超常共同体验,包括共同收看与认识集体价值。媒介事件作为一种仪式,已成为整合社会的中坚力量,将高度分化的现代人凝聚在一起"。[2] 事件的发生一方面跟群众日益增长的民主意识和威权政治下存在的小事闹大的造势心理有关,另一方面也跟政府官僚主义作风和腐败现象等造成干群关系紧张和群众的诉求得不到及时反馈的情况有关。[3] 对力主改革的人群来说,往往并不将事件局限于特定问题本身,而是仪式化地将"事"事件化,进而以事件为契机推动社会局部或深层变革,以期重新调整现有的社会政治关系。

在具体的组织化过程中,微博公众参与的程度存在差异。有些是深度卷入,有些只是旁观者,但在一些学者看来,旁观者也很有必要。因为微博的聚众影响力,前提是能聚集起足够的人气,否则微博的力量无从谈起。进而,一些学者直接认为"围观即参与,分享即表态",认为"围观包

---

[1] 刘小燕、赵鸿燕:《政治传播中微博动员的作用机理》,《山东社会科学》2013年第5期。
[2] 马杰伟、张潇潇、陈韬文:《媒体现代:传播学与社会学的对话》,《传播与社会学刊》2011年第18期。
[3] 梁云鹏:《中国群体性事件原因与对策》,《改革与开放》2012年第2期。

含了一种彼此看见的含义,包含着见证和记忆的力量"。① 同时,与有目的地被组织起来的微博动员不同,单纯的微博围观呈现不同的面向:或者遵循组织的动员路径参与总体性聚集下的观望,或者直接通过认知动力或情感动力越过共识直接指向行动,表现为分散后的行动聚集,并在爱、恨、信任、悲伤和羞耻等不同取向的情感激发下实施不同的策略选择。因此,尽管围观本身具有短暂性、脆弱性和行动惰性等局限性,但微博围观仍旧以惰性的方式凸显了集体性传播力量的存在感。这种存在感也未必形成了真正的、系统的监视政治,却因围观的凝视产生了一种来自社会的压力感。于是,它本身往往又成为了公共风险事件,社会管理的其他相关主体也不得不对其社会政治效果进行评估和作出必要的回应。

三、微博形塑政治生态

政治生态指的是政治系统中诸要素的互动而形成的结构、功能、秩序等整体性状态。微博通过增权、全域政治和行动参与的方式,具体地塑造了中国的政治生态,显示了其自身的发展价值。

(一) 微博增权与政治控制能力

依照对政治文明发展的认知,人与国家的关系因为人的社群性,往往会转化为社会与国家的关系,而民主首要的就是要解决它们之间最基本的关系。"至于这种人与国家的关系如何在国家制度形式上得以有效呈现,则不取决于国家,而是取决于人的发展。人在现实中获得与国家相对的自主性,人也就获得了控制国家的地位与空间,从而可能将体现民主的人与国家的关系在现实的政治实践和政治生活中得以制度化地呈现出

---

① 童希:《社会媒体的传播机制及社会影响力》,《新闻记者》2011年第3期。

来"。① 但人及其社会的自主性的成长来自于外在赋权和内在增权。其中,外在赋权表现为制度赋权和技术赋权。以微博为代表的新媒体在于以技术赋权的方式成就了微博人的主体地位,进而以直接或间接的方式改变着国家与社会之间的互动关系。而内在增权表现为通过发展人的政治能力,使其变得卓越,从而实现对自我及其社会政治环境的控制能力。但外在赋权和内在增权又存在一定关联。在微博传播实践过程中,借助传播舆论形成的压力性关系一旦促成社会变迁,就可能在外在制度赋权和内在增权两个方面得到进一步的发展,从而带来外在的利益博弈增量机制,并提升内在的政治效能感。为此,我们可以看到微博正以更大的吸引力卷入包括青年农民工在内的泛社会公众、组织机构等各类行动者。

(二)微博政治与全域政治

来自微博的质疑很大程度上指向了公权力,并产生了一定的拆解不合理权力的瓦解效应。这一切,容易使得人们将微博与政治的关联简化为微博问政。但"微博问政问的还是行政,或者说主要属于行政范畴。网络互动时代的基本政治轮廓——从政府的角度讲是开放透明和承担责任,从社会的角度讲是公共理性的建立,在制约政府的同时节制自我。从行政到政治,这不仅是认知上的提升,也是涵义上的深化"。② 因此,微博政治不只是以促进权力合理化使用和效率化输出为主旨的行动政治;微博政治也是实现政治价值,即促进公正等理念逐步确立的价值践行行动;微博政治不仅向官僚阶层、社会精英阶层开放,也是普通人群的行动空间。微博政治已成为社会政治发展和革新的场域,更快速地促进互动政治的分化和发展。特别是在转型的陷阱中,在面临各类权力关系越发网络化和圈子化的情况下,集体作弊的制度之恶往往会表现得变本加厉,但

---

① 林尚立:《建构民主的政治逻辑》,《学术界》2011 年第 5 期。
② 徐百柯:《微博从政治层面改变中国》,《中国青年报》2012 年 5 月 16 日。

微博政治的崛起有利于遏制这种制度之恶。总体上,微博行动实践跨越了政府机构、工作场所、地方社群,在政治、经济、文化、社会等领域时有表现。因此,微博政治是一个开放性的全域政治。甚至,国家发展的理想(中国梦)和现实的表现等应然与实然议题,都被热烈地融入到不同年龄群的微博议程中。

(三) 微博参与和社会整合

微博政治参与对于协调社会转型(社会分化和市场化)背景下的社会矛盾与冲突,同样具有创新的意义。"参与不仅是一种更为直接、有效的约束机制、利益表达机制,而且对于一个日益分化的社会来说,它还是一种重要的社会整合机制"。[①] 这种整合不仅是基于利益的整合,而且是社会风险责任的整合。作为社会风险语境下的社会治理,认同社会整体存在一定程度的分化,因此主张社会建构关于风险的社会共识,以更好地对社会风险中的冲突进行控制。但社会共识的建构并非出于让一些统治集团受益,一些较弱势的社会群体成员受损的目的,有意让特定的思想、利益与价值仿佛具有普适性进而让其具有共识的权威性。相反,它是依托于整体社会(或者是围绕相关问题的利益人群)共同参与建构而形成的认同。这种风险共识一旦形成就可以作为利益协调的基础,成为相关主体共同的期望,成为主体行动的规范指南,从而能够一起面对风险并承担相应的风险责任。

当一些人在担忧中国90后"缺乏理想,没有责任"的时候,需要辨识清楚的恰恰是:好的责任不是强加于其身的,而是以共识为基础,实现的最佳途径则是他们的参与。因此,微博参与下的社会整合不是传统的支配性控制目标的实现,而是以共识—责任互为依托,以"我参与、我承诺"的方式谋求解决各类问题。

---

① 李路路:《社会结构阶层化和利益关系市场化》,《社会学研究》2012年第2期。

四、社会管理的组织化需求

组织被认为首先与集群的理性紧密相关。因为"只有在人类社会中,集群现象才获得了理性的形式,这就是组织"。[①] 其次,从组织发展的历程来说,它也经由了从混沌同质到差异化不断形成的过程,借此可以更好地满足人们的各种需求。按照相关研究的观点,市民社会与国家的分离,促成了组织间的领域性、地域差异以及基于地域差异的文化认同差异,但工业社会中组织间的主要差异在于领域性(即社会中的组织和国家之中的组织),进而社会组织与国家机构又进一步分化成了私人组织、公共组织与社会组织,并在进一步的发展中,表现相互间一定的融合过程。[②] 在今天,还可以看到组织本身在形成方式、互动方式方面的改变,并进而影响到其组织价值理念、成员意识和行动效率的变化。

由于中国社会经历了单位制的解体,从实际的社会运行层面来说,已经去组织化。于是,国家的传统动员优势大大削弱,作为一种组织而被动员起来的社会力量也一度式微。作为真正意义上有组织的动员,主要集中在经济领域和行政及事业单位中,而非一般意义的社会领域中。除非,因为特殊的事件激发了特定的情感或价值感才可能实现非常规性的动员。这种状况直到近些年由于对社会组织有所重视,以及国家在制度层面的刻意顶层设计才略有改观。

上述局面使得社会的组织化进程与社会的组织化需求之间存在巨大的差距,这导致公众不断寻求新的补偿路径,而微博则以跨传播类别的方式一定程度上满足了泛公众的自我组织化这一需求。中国社会管理的格局在于政府主导、社会参与,但社会管理的有序化进行本身也有强烈的组织化需求,当线下的组织化进程缓慢以及组织化效果不佳的时候,线上的

[①] 石国亮:《论私人组织、公共组织与社会组织》,《中国行政管理》2010 年第 10 期。
[②] 同上。

组织化就被国家有选择地为我所用。

在今天,人们可以看到的是,以微博为代表的网络服务提供了一个组织化的网络技术基础,搭建了人群可能汇聚的通道。"社会性软件让人们拥有了前所未有的组建群体和共同行动的能力,这种能力包括分享的能力、与他人互相合作的能力、采取集体行动的能力,所有这些能力都来自传统机构和组织的框架之外"。① 微博产生的组织化主要表现为私人组织和社会组织,但在表现其私人利益、特定群体性利益的同时,微博也不断强化其公共性特征,因此它也在很大程度上契合了作为社会管理双重主体(国家与社会)的共同需求。

而且总体上来说,微博公众通过重组公众实现社会的组织化生存具有明显的社会政治诉求优势。即与单独的个人相比,它的成本较低;与政党相比,它更贴近利益表达的实质;与定期的选举相比,它具有持续不断的优点。② 同时,结合历史与现实需求来说,微博对国家的制衡互动也十分必要。相当长一段时间以来,人们对战争时期的严密组织动员到建设时期初期的全能主义的国家强势动员模式进行了分析,特别指出它所面临的困境。即"由于中国缺乏自主的公民社会组织对体制形成纠偏与制衡能力,全能主义体制一旦被专权者动员起来推行大跃进与文革乌托邦,整个社会就失去了缓冲、制衡与抑制灾难性政策的能力"。③ 加之中国官僚制运行中非正式关系超级发达,因此这种社会纠错和社会制衡就十分必要。可以确认的是:微博条件下的组织在稳定性、吸引力、凝聚力和动员力等方面与现实的组织性相比,呈现出一定的差距,但仍然以微博式公民社会的方式崛起,显示出较强劲的纠错和制衡力。特别是当国家在深化治理理念的同时,不断纳入微博技术对国家机构的运行进行效率化改

---

① 〔美〕克莱·舍基著,胡泳等译:《未来是湿的》,中国人民大学出版社 2009 年版,第 13 页。
② 杨山鸽:《利益结构的变化、利益集团的出现与中国的政治发展》,《兰州学刊》2004 年第 6 期。
③ 萧功秦:《重建公民社会:中国现代化的路径之一》,《探索与争鸣》2012 年第 5 期。

造的时候,它更有利于国家与社会的积极互动,并促进社会管理工程的完善和推进。正如敏锐的研究者指出的,从社会管理探索的历史来说,党的十六大将改善民生作为社会建设重点不过是承接了经济改革带来的社会后果,而党的十六届六中全会提出健全党委领导、政府负责、社会协同、公众参与的社会管理格局不过是网络社会出现的社会自我组织化和自我服务性力量增强的回应产物。①

而从媒介产生的历史进程来说,微博主要是以补偿性媒介的传播平台的身份出现的。补偿性媒介的提法最初来自于保罗·莱文森(Paul Levinson),"因为我们能评估利弊,也许能发明并运用新技术即补救性媒介,借以改良得失的平衡,使之对我们有利,哪怕是微弱的优势也好"。②这种观点本质上是受到社会生物进化论的影响,与社会学的功能主义社会观一脉相承。但微博显然在补偿的基础上超越了媒介技术的发明本身,其正在以媒介环境、传播主体的方式不断作用于中国,进而以动态的方式又形塑了微博的社会地位。如果说大众媒介传播过于强调信息传播的逻辑和结构难免导致有时出现信息偏向的话,微博信息传播的碎片则增加了一些由于必要信息的不足而导致的社会问题,进而以最亲近的方式框定了人们的生活边界。因为有了微博促成的微博化公众生存,在今天中国关于国家层面的"富强、民主、文明、和谐"的核心价值中,作为中国梦的主体性承载者的中国公众就这样以新媒介为契机激发了民主政治进程想象。特别是,在中国国家(及其执政党)已经吹响深层治理改革号角的背景下,微博参与社会管理的前景值得期待。

---

① 林尚立、郑长忠:《全面提升党的网络执政力与党的执政方式现代化》,《中国延安干部学院学报》2013 年第 2 期。
② 〔美〕保罗·莱文森著,何道宽译:《软利器》,复旦大学出版社 2011 年版,第 5 页。

第四章
基本现状

诚如本书第二章有关社会管理的论述所指出的,"社会管理的主体维度包括政府、社会的角色与定位,二者的主体性互动关系的性质,社会的组织化等"。但为了更好地把握微博被运用于社会管理的现状,我们进一步将这里的主体细分为:政府、传媒、公共人士和(一般)公众。在第五章的"长效管理"部分,将仍然沿用这一分类。

第一节 政府使用微博现状[①]

政府涉及政府机构及其职员,因此这里主要关注两类微博:政府机构微博和政府官员微博。

在政府使用微博的进程中,有几个标志性的事件值得关注。2009年

---

① 本部分参与者还有张三娇、王焕宇、向超和汪洗妮。研究主要借鉴了《微博互动的结构与机制——基于对新浪微博的实证研究》(夏雨禾,《新闻与传播研究》2010年第4期)、《论地方政府官员微博的公信力》(杜莹等,《石家庄铁道大学学报》2012年第9期)、《日常语境下的记者微博研究》(王辰瑶,《现代传播》2013年第1期)、《微传播,微关系:对广东省三个政务微博的考察》(张宁,《现代传播》2013年第4期)、《论危机情境与政府话语策略》(聂静虹等,《社会科学研究》2013年第1期)。

下半年,湖南桃源县开设官方微博"桃源网",成为中国最早开通微博的政府部门。2011年11月17日,"北京微博发布厅"上线,成为全国首个微博发布厅,首批共有北京市政府部门的20个政务微博加入。2013年8月,成都政务微博服务群众办事大厅在新浪上线,成为我国首个以"服务"、"办事"命名的政务微博群。2009年11月21日,云南省委宣传部副部长伍皓开通了个人微博,成为第一个开微博的政府官员。2011年4月27日下午,广东省东莞市委书记刘志庚做客新浪微博,成为中国首个利用微博与网友互动交流的地级市市委书记。贵州省黔西南州前州委书记,2013年1月当选贵州省副省长的陈鸣明于2009年开设微博,其微博成为最早的"一把手"(实权职务)政府官员微博。2013年3月26日,李克强总理在国务院第一次廉政工作会议上发表讲话谈及微博,积极评价微博在政务公开中的重要作用。

2013年12月26日,人民网舆情监测室联合新浪共同发布《2013年新浪政务微博报告》。该报告显示,目前仅在新浪认证的政务微博总数超过10万个,较去年同期增加4万余个,增长率约为67%。目前新浪政务微博总数共计100151个,其中机构官方微博66830个,公职人员微博33321个。从地域分布来看,广东政务微博以9191个领先其他省份,江苏、北京分别以7642、6869位居第二名、第三名。从部门分布来看,共青团、公安、政府宣传等部门政务微博数量最多。该报告指出,政务微博已经成为政府部门应对突发事件的"标配",在发布权威信息、回应社会关切、有效安抚民众情绪、引导舆论方面发挥了不可替代的作用。

一、研究设计

本研究主要选取官员微博的代表(王惠)和机构微博的代表(京西门头沟)进行研究。同时在论述过程中,也会结合课题组相关微博调查和目前已有研究成果进行文献分析,以期获得更多认知。

2011年11月17日,北京政府新闻办公室主任王惠正式开设新浪个人微博,至今发布微博共2310条(截止到2013年8月20日),粉丝有3054895人。本研究按照时间分段对研究对象进行分层抽样和等距抽样,选取部分微博作为样本进行研究。研究内容包括微博本身的内容及其属性、转发量、评论量、评论内容以及博主与粉丝的互动状况等方面。具体来说,就是按照时间长度,每两个月分为一组,截止到2013年7月17日共10组,又从每个小组中第30天开始抽取连续5天(即第30天到第35天)的微博作为最终的样本。由此,本研究中共取得了210条微博作为样本进行统计分析。数据组成如下表所示。

序号	时间	微博数(条)
1	2011.12.16 – 2011.12.21	13
2	2012.2.16 – 2012.2.21	3
3	2012.4.16 – 2012.4.21	15
4	2012.6.16 – 2012.6.21	16
5	2012.8.16 – 2012.8.21	31
6	2012.10.17 – 2012.10.21	25
7	2012.12.17 – 2012.12.22	23
8	2013.2.16 – 2013.2.21	27
9	2013.4.16 – 2013.4.21	34
10	2013.6.16 – 2013.6.21	23
合计(条)		210

"京西门头沟"微博于2011年12月6日建立。对于"京西门头沟"微博,课题组选择的时间范围是2013年8月1日—2013年8月31日,通过这31天的连续数据来观察微博的传播特征。该研究时段内"京西门头沟"共计发布微博305条,平均每天发布9.84条。累计转发为4020次,平均每条被转发13.18次。累计评论为3374次,平均每条被评论11.06次。

微博名	京西门头沟
置顶图片和视频	主页有置顶图片或视频
成立时间	2011年12月06日
简介与认证资料	事无巨细,真心交流,坦诚沟通,京西门头沟愿成为连接您与政府的桥梁纽带
微博数	5629
关注数	209
粉丝数	70万

二、政府官员微博描述[①]

王惠微博日均发博量为4.2条(这与其他部分官员相比并不算太高,比如伍皓日均14条),平均每5天发布21条。以5天为单位,可以得到博主发博频率变化图(见图1)。

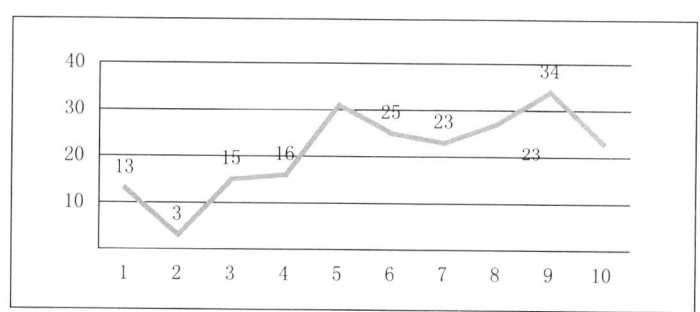

图1 发博频率变化图

王惠微博的内容大致分为:A.提供信息类(包括A1国家政策信息和A2民生生活信息),B.健康知识类,C.生活类(包括C1生活记录和C2生活感悟),D.社会热点事件类,E.公益类五大类别,各类微博数量及占比如下(见图2):

---

① 部分内容曾发表于张三娇:《官员微博在当代中国互联网治理中的社会功能研究》,《检查风气·社会治理专刊》2014年第2期。

类别	A1	A2	B	C1	C2	D	E
数量(条)	6	116	17	15	23	18	15

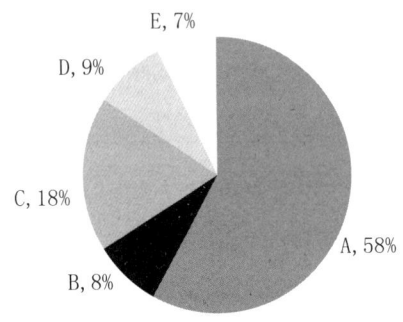

图 2　王惠微博内容信息类别占比

同时,课题组通过选取贵州省副省长陈鸣明微博活跃期的 2011 年 7 月至 2012 年 12 月、2013 年 1 月至 2013 年 7 月和 2013 年 8 月至今的三个时间段分别抽取 2012 年 4 月、2013 年 4 月和 2013 年 10 月各一个月的微博作为样本进行内容分析,根据其内容大致可以分为下列 6 类事件:A. 工作行程记录;B. 转自《人民日报》、《贵州日报》、人民网等媒体的文章分享;C. 除行程以外的与工作相关的内容;D. 天气预报;E. 生活休闲、应用推荐等其他事情;F. 社会热点事件①。其总体集中于 A、B、C、F,尽管不同阶段关注内容的倾向存在差异(见图 3)。

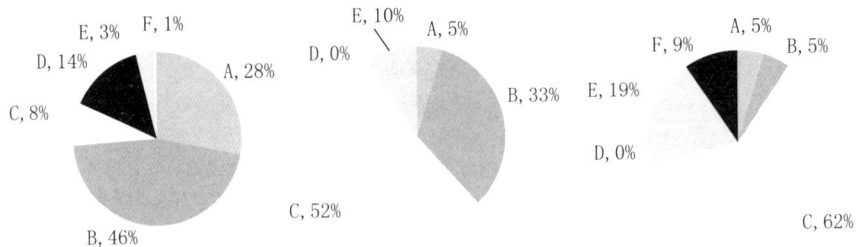

图 3　陈鸣明微博内容

---

① 此处热点事件指受到社会广泛关注的事件,凡与这类事件相关的微博内容均被计入此项,包括转自《人民日报》等的消息或是与其工作相关的内容。

应该说,信息的丰富性是由微博主获得信息资源的地位和传播意愿所决定的。但就微博吸引力的建设来说,这恰恰是一个重要的影响因素。课题组通过对陈鸣明近期微博关键词图的分析表明(见图4),该微博在热点议题与一般议题,全国性与地方性,当下性与未来性,理论问题与实践问题等方面都有关注,避免了程式化和过于生活化传播,这可以最大程度上提高其微博议题的广泛吸引力。

图4 陈鸣明微博的关键词图

而在王惠微博210条样本微博中,有164条微博为博主原创,原创率达78%。从时间性来看,博主一直以来发博内容的原创率存在变化,但总体上稳定在一个较高数值(见图5)。

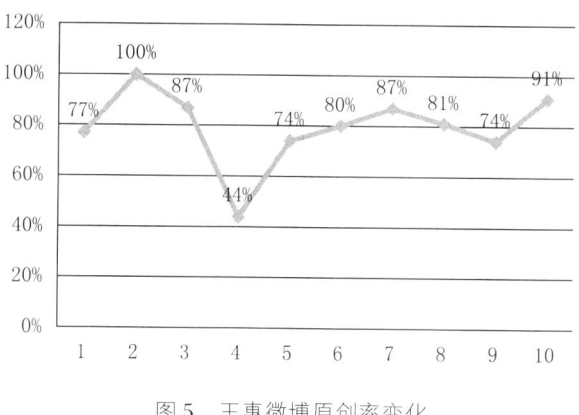

图5 王惠微博原创率变化

通过对相关政府官员的微博分析发现,高原创比在政府官员微博中是个共性。如陈鸣明于 2009 年开通微博,截止到 2014 年 3 月 6 日晚已经发布 5286 条,活跃度高,其中原创微博有 4096 条,占到了总微博数的 77%。微博主的原创比率体现的是微博主的主体性的一个重要指标,它也是政府官员通过微博引导舆论、体察民情和进行有效政治沟通的基础。

进一步分析可以发现,王惠的粉丝对于该博主的微博多为评论和转发,且转发多于评论(见图 6)。以 5 天为单位,总转发量最多时的 23 条微博转发次数达 1318 次,210 条微博共获得 209 次赞,以 5 天为单位,总赞量最高时的 34 条微博共达到 78 次,样本统计中有四个时间段总赞量为 0。转发数相对高表明其获得一定的认同度,有利于传播的主体性控制。不过,评论相对较低则不利于特定传播议题的深入。

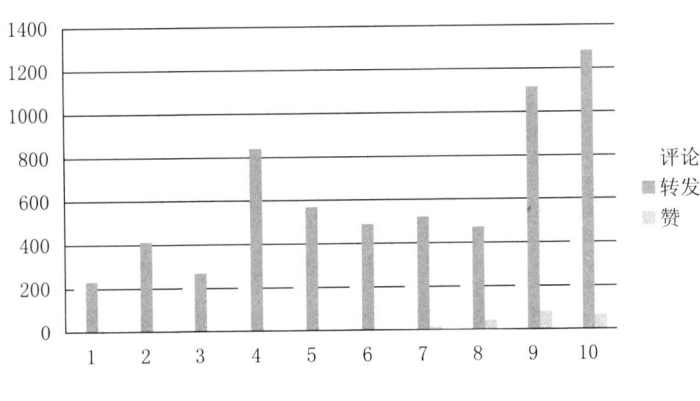

图 6　王惠微博粉丝互动情况

继而以 5 天为单位,课题组通过计算互动率对王惠微博的互动进行了分析(见图 7)。通常互动率主要有两种计算方式:互动率(公式 1) = 博主互动总次数/总评论数;互动率(公式 2) = 博主互动总次数/(总评论数 + 总转发数 + 总赞数)。在 210 条微博中,博主互动次数共 293 次,若以互动率(公式 1)的方式计算,互动率为 10%,若以互动率(公式 2)的方式计算,互动率为 3%。从互动激励来说,这不是一个最好的结果。事实上,微博本身具有模拟对话的特性,低互动率无疑表明了其单向传播的特征,需要改善。

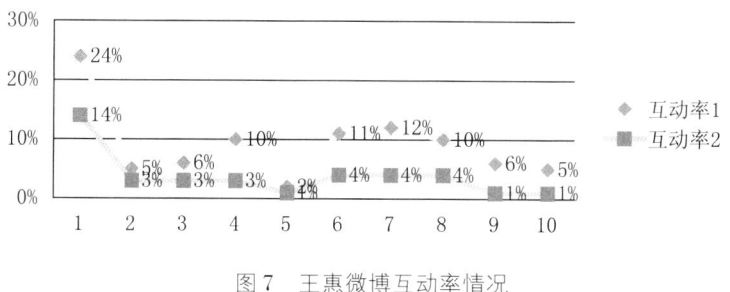

图 7 王惠微博互动率情况

关于王惠微博评论中粉丝的态度,课题组将粉丝在评论中的态度分为 5 类:积极的(对微博内容有明显认同倾向)、消极的(对微博内容有明显否定倾向)、中立的(对微博内容未做倾向性表述)、和微博内容无关的(所作评论与对应微博内容无关,多为反映自己遇到的其他问题)及提出建议的(针对微博内容提出自己的建议)。以 5 天为单位进行趋势分析,得到不同态度在 10 个时间段内的变化趋势图(见图 8)和占比图(见图 9)。总体上,王惠的微博传播获得了较好的认同。

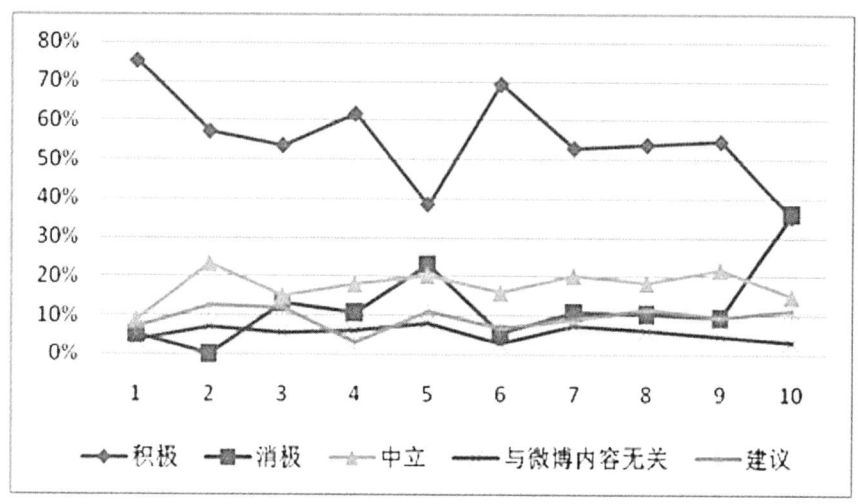

图 8 王惠微博粉丝评论态度变化

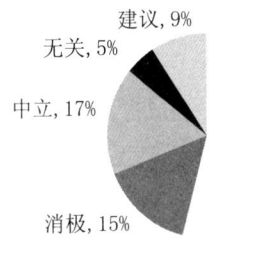

图 9　王惠微博粉丝评论态度占比

课题组同时对前述选取的陈鸣明微博的三个时段的粉丝的反馈情况进行了分析(见图 10)。对于网友的评论内容,将其分为积极、消极、中立、建议、向博主求助和与微博内容无关 6 种情况。统计表明,陈鸣明微博总体上获得了积极反馈。特别是 2013 年 10 月,平均被转发数达 93.95 次,平均被赞数 59.48 次,平均被评论数 109.43 次。

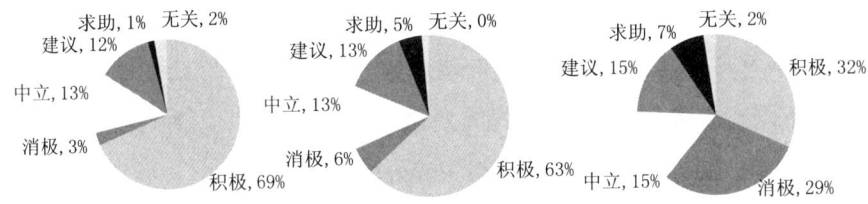

图 10　陈鸣明微博粉丝评论态度占比

三、政府机构微博描述

从传播信息内容看,"京西门头沟"微博所发布的信息中,对门头沟的宣传信息、民生信息、生活常识占到所发微博总数的 90% 以上。所发布的职能告知类的内容均以单纯的简短文字形式发布,无图片视频表情等传播形式。"京西门头沟"很少有对政策和政府行为方面的解释,但是当有关政策方面的微博获得粉丝提问时,"京西门头沟"会以发微博的形式回复,其发布的 305 条微博中有 14 条是回复网友。这一点在很多政府机构微博中比较常见。

从发布形式看,"京西门头沟"在 305 条微博中有 212 条是附有图片的微博,占总数的 69.5%,但是 305 条微博中仅有 1 条微博是附有视频的,其实"京西门头沟"可以广泛地借助视频的形式来增强微博的可读性。在所研究的微博中,有 81 条为转发他人的微博,占总数的 26.6%。

比较独特之处在于,"京西门头沟"在微博上经常会发布"沟沟喊你来猜谜"这样的微博,答对者会有奖品,以此来增强与粉丝的互动。

相关实证研究还显示,政府机构微博常见的问题是所发信息往往过多地关注政府内部,而忽视政府所服务的群体,不利于政府与社会各个层面的沟通交流,不能真正有效地利用微博的即时性、交互性、个性化和传播面广等特点来提供更好的公共服务。[1] 不过,不同层级的政府微博表现又存在差异。一些政府机构的微博信息繁多,信息精细划分不足,或仅仅是走过场的特征明显。[2] 但经过整合、走向政务的政府机构微博都显示出了微博应用的活力和积极的社会管理效果。如 2010 年 10 月开通的"微成都",其定位为围绕中心工作、体现城市价值、服务成都市民、传播成都文化,提出了"小微有速度、小微有态度、小微有温度"的社会传播观念。除了常规性的微博宣传与服务外,"微成都"还积极通过事件的方式获得影响力。利用 2011 年"5·12"地震三周年时机,"微成都"与成都"残联"联合发起关注地震女孩橙子的"橙丝带行动",不仅圆梦橙子个体,也推动了对残疾人群体的关爱。2012 年 2 月,"微成都"发起的"关注成都'北改'"的民生话题讨论,一度吸引了数十万网友的互动。2012 年 11 月,"微成都"获评人民网舆情监测室评出的"2012 年度腾讯微博十大政务机构微博",综合排名位列全国 7 万余个政务机构微博之首。

同时,不同职能部门的微博也存在差异。2011 年 8 月,中国首届"政务微博与社会管理创新"高峰论坛(杭州)发布的《政务微博地图与指数》

---

[1] 郑拓:《中国政府机构微博内容与互动研究》,《图书情报工作》2012 年第 3 期。
[2] 张玲:《政府微博应用若干问题的探究》,《北京行政学院学报》2011 年第 5 期。

显示,从各职能部门的微博活跃度情况来看,公安、司法、政法部门是开设微博比较多的机构;从平均活跃度来看,分别是交通、公安等部门;各职能部门的平均传播力,交通部门处在第一位。《2013年新浪政务微博报告》则显示,以法院、团委、新闻办等领域为代表,政务微博在覆盖地域和层级上实现了突破性发展,团委、法院、气象、新闻办等实现了多个省份和不同层级的合纵连横。总的来说,对那些积极创新的政府机构微博来说,逐渐"形成了从断点式危机应对走向常规化运作,从被动等待关注走向主动自我推介,从单方信息发布转向关系的维护等发展趋势"。①

第二节 传媒使用微博现状

2013年12月26日,人民网舆情监测室联合新浪共同发布的《2013年新浪媒体微博报告》显示,媒体机构认证微博数量同比增加40%,媒体工作者认证微博数量同比增加33%。同时,该报告还发布了媒体机构微博和媒体工作者微博各自的整体分布情况、媒体机构的粉丝构成情况(见图11)。

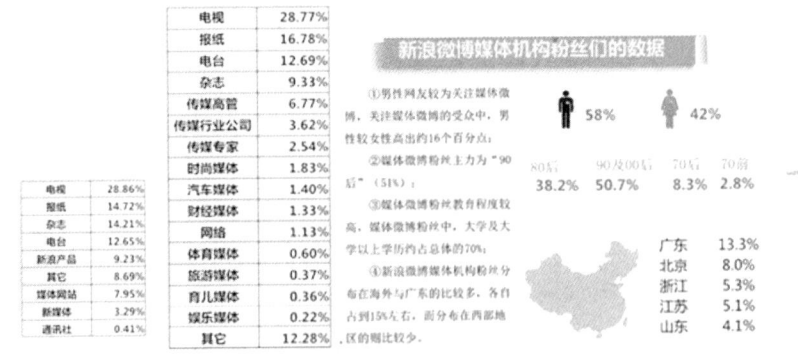

图11 传媒机构微博的整体分布、媒体机构的粉丝构成
原图来源:人民网舆情监测室 & 新浪:新浪媒体微博报告(2013)

---

① 陈力丹、曹文星:《微博问政发展趋势分析》,《编辑之友》2012年第7期。

一、研究设计

本处所说的传媒是作为主体意义的传播主体加以把握的,具体涉及媒体机构及其职员,因此这里主要关注两类微博:媒体机构微博和媒体工作者微博。

2013年期间,课题组主要对广播电视工作者(以下均简称广电工作者)及其所在机构的微博情况进行了专项问卷调查,具体涉及行为属性、信息属性、社会传播影响力等。最后借助SPSS社会统计软件进行分析。与一般的微博调查报告不同,本课题主要涉及与社会管理有关的事项。

为了近距离考察媒体机构微博,本次研究还采取构造周抽样法对河北"阳光热线"微博的传播互动情况进行了分析。之所以选择"阳光热线",是因为这样更能发现一个本身参与社会管理特征明显的传媒机构是如何适应微博时代的,因此是一项很有现实意义的研究。公开的资料显示,"阳光热线"是全国省级电台开办的第一个"行政行风热线"节目,由河北人民广播电台与河北省民主评议办联合开办。该节目于2002年6月3日开播,每天7:30—8:00播出。"阳光热线"以"增强执政能力,共建和谐社会,优化发展环境,架设沟通桥梁"为节目宗旨。参加河北省民主评议的61个省直部门,每次由一名厅级领导带领2至4名处级干部,轮流到直播间接听群众电话和接收手机短信,解答政策咨询,受理听众投诉。2006年2月,国家广电总局在石家庄召开"全国广播电台政府与群众互动的热线类节目经验交流会",时任国家广电总局副局长的胡占凡对"阳光热线"给予了高度评价,称赞这种热线类节目开创了媒体与党委、政府积极联动,政府与群众良性互动的新模式,在化解社会矛盾、增强群众信心、维护社会稳定的同时,很好地树立了广播电视的良好社会形象,提高了公信力和影响力,展示了党和政府执政为民的良好形象。

二、媒体工作者微博描述①

受研究所限,此处的媒体机构及其工作者微博主要针对的是广电机构及其工作者。不过,这并影响对一些关键问题的发现。同时,该调查思路也可以直接应用在其他类型的媒体机构微博及其工作者微博的相关调查中。本次调查涉及有效的媒体工作者对象80名,具体包括电视工作者72名,广播工作者8名。其中东部地区占比60%,20岁至45岁占比96%,本科以上学历的占比91%,工作1年以上的占比81%,地市级以上机构占比83%。以下的描述即是围绕广电媒体机构及其工作者的微博展开。

(一)广电工作者使用微博的行为特征

课题组调查显示,目前93%的调查对象已经注册微博,且99%是自由注册。而且,即使在占比7%的尚未注册的广电工作者中,有57%的人近期也打算注册,且62%的微博使用者开设微博时间超过两年。这一数据表明,多数广电工作者微博的使用情况与微博勃兴年(2010年)基本符合,广电工作者是较早使用微博的群体之一。但开设微博在一年及以下的占比达到38%,这又表明部分广电工作者对微博的响应略显滞后。

从使用微博的频率看,52.5%的广电工作者在一般情况下保持了对微博相对高的关注频率,做到每天一次及以上的占比总计达到71.3%。这显示微博已经成为绝大多数广电工作者生活或工作的一部分,微博与其关联度可见一斑。而普通网民中,截至2013年12月底,微博使用率为45.5%(《第33次中国互联网络发展状况统计报告》,中国互联网络信息中心,2014)。可见,广电工作者领先于普通人群,与微博新媒体保持了比较积极的接触。

---

① 部分内容见谢进川:《广电工作者微博舆论引导问题分析》,《东南传播》2014年第9期。

从使用微博的时长看,在周六和周日里广电工作者使用微博的时长基本保持一致;但平日(周一至周五)同周末相比,除了"0.5-1小时"和"0.5小时以下"有一定差异外,基本相同。这说明平时和周末并非影响广电工作者使用微博时长的主要因素。但同时课题组也注意到,近60%的广电工作者每天使用微博的时长是在"一小时以内",这也表明该群体利用微博的自我控制性和目的性相对较强。

从使用微博的目的看(见表1),广电工作者使用微博的目的按占比大小排列依次是:关注现实中的熟人和朋友的动态、了解最新资讯和热点话题、关注行业资深人士观点、记录人生感悟、参与热点话题的讨论、抒发不愉快的心情,其他则是关注明星动态、记录节目不能呈现的东西、结交虚拟社区中有趣的人。其中,"了解最新资讯和热点话题"和"关注行业资深人士观点"两项占比为44.4%。这表明,微博满足广电工作者职业化需要的特征十分明显。但"参与热点话题的讨论"占比仅为8.0%,排列在第五位,这与我国的舆论引导建设的需要有一定差距。"记录人生感

表1 使用微博的目的

		Responses		Percent of Cases
		N	Percent	
使用微博的目的	抒发不愉快的心情	16	6.1%	21.6%
	关注现实中的熟人和朋友的动态	60	22.9%	81.1%
	了解最新资讯和热点话题	59	22.5%	79.7%
	关注明星动态	12	4.6%	16.2%
	参与热点话题的讨论	21	8.0%	28.4%
	关注行业资深人士观点	47	17.9%	63.5%
	结交虚拟社区中有趣的人	3	1.1%	4.1%
	记录人生感悟	35	13.4%	47.3%
	记录节目不能呈现的东西	7	2.7%	9.5%
	其他	2	0.8%	2.7%
Total		262	100.0%	354.1%

悟"占比13.4%,位列第四;"抒发不愉快的心情"占比6.1%,二者共计占比19.5%,这也表明,对于广电工作者,微博又具有一定的私人性特征。调查中"广电工作者在微博中关注的议题来源"问题项显示:来自"现实朋友圈推荐"的占比15.6%,位列第四位。这反映出传统社会网络的维护并非仅仅具有日常生活交往的意义,它在一定程度上又超越了单纯私人性的生活交往的意义。

(二)广电工作者使用微博的信息属性

1. 关注议题的来源

关于关注特定微博议题的缘由,广电工作者在"自己工作或生活的需要"的选项上基本一致。但在具体来源方面存在一定的差异:对于电视工作者,排序从高到低依次为:微博友的微博文、现实朋友圈推荐、传统媒体报道、网络媒体报道、微博网站推荐;对于广播工作者,从高到低依次为:网络媒体报道、传统媒体报道、现实朋友圈推荐以及微博友的微博文、微博网站推荐。虽然二者都关注来自网络的信息来源,但在具体的方面和排序上有差异。如电视工作者最重视"微博友的微博文",而不是"微博网站推荐";广播工作者最重视的是"网络媒体报道",而不是"微博网站推荐"。总体上广电工作者都重视相关媒体报道,但都不受"微博网站推荐"信息制约,这反映出广电工作者的主动选择性较强。广电工作者在"微博友的微博文、现实朋友圈推荐"选项上与电视工作者的差异表明,电视工作者比广播工作者更重视私人关系的信息管道。

2. 关注的议题内容

(1)对一般议题的关注情况。结合相关研究[①],课题组将容易导致舆情出现的议题分列为社会民生类、灾害事故类、企业财经类、公共卫生类、

---

① 谢耘耕、荣婷:《微博舆论生成演变机制和舆论引导策略》,《现代传播》2011年第4期。

腐败类、涉法涉警类。调查显示,电视工作者关注的议题排序分别为:社会民生类、灾害事故类(和企业财经类并列)、公共卫生类、腐败类、涉法涉警类;广播工作者关注的议题排序分别为:社会民生类、企业财经类、公共卫生类(与灾害事故类、腐败类、涉法涉警类并列)。虽然"社会民生类"议题是两个群体选择占比最大的,但仍然存在一定的差异,即广播工作者选择的比重达到42%,远远高于电视工作者的27%。就"灾害事故类"而言,电视工作者占比更大。对于"企业财经类"议题,各自选择的占比大体相当,均排列在第二、第三位置。而"公共卫生类"、"腐败类"与"涉法涉警类"议题均排列靠后。

(2)对具体微博事件的关注情况。广电工作者对具体的、比较有影响的微博事件关注情况如何,课题组通过近几年比较热点的微博事件进行了研究。调查显示(见表2),广电工作者选择的关注事件从高到低的位次排列为:"7·23动车事故"、"郭美美"、"我爸是李刚"、"随手拍解救

表2 关注过的具体微博事件

		Responses		Percent of Cases
		N	Percent	
关注过的具体微博事件	我爸是李刚	58	19.3%	74.4%
	江西宜黄强拆自焚	23	7.6%	29.5%
	常德抢尸	8	2.7%	10.3%
	"7·23动车事故"	65	21.6%	83.3%
	郭美美	59	19.6%	75.6%
	随手拍解救乞讨儿童	24	8.0%	30.8%
	上海地铁二运"狼多,姑娘自重"	20	6.6%	25.6%
	杨锐"清扫洋垃圾、赶走洋泼妇"	6	2.0%	7.7%
	崔永元斥湖南省教育厅	23	7.6%	29.5%
	女博士"死都不下基层"	11	3.7%	14.1%
都没关注过		4	1.3%	5.1%
Total		301	100.0%	385.9%

乞讨儿童"、"崔永元斥湖南省教育厅"与"江西宜黄强拆自焚"(二者并列位次)、上海地铁二运"狼多,姑娘自重"、女博士"死都不下基层"、"常德抢尸"、杨锐"清扫洋垃圾、赶走洋泼妇"。排列前三位的占比分别为:"7·23动车事故"为21.6%,"郭美美"为19.6%,"我爸是李刚"为19.3%,其他事件均为10%以内。这总体上与微博事件的"热"形成了较"冷"的对照。

3. 微博信息发布

在关于广电工作者"参与微博事件经常的行为表现"的调查中(见表3),选项占比高低排列次序分别为:确定事件真实性如何、表达情绪、追问事件缘由、提出解决问题的策略、谴责。其中,"确定事件真实性如何"占比为33.8%,这表明了广电工作者致力于探寻事实真相的职业精神,也符合新闻报道中的理性精神。但"表达情绪"占比为26.5%,博主似乎并未将自身的职业身份与普通公众身份刻意区分,这不可避免地又会影响其理性目标的实现。"追问事件缘由"占比19.9%,略偏低,它反映的也是在新闻报道中,以及事件讨论中的理性程度如何。"谴责"是一种道义评价方式,但它是一种过于简单的评价方式,特别是在其他事项并不明了的情况下,"谴责"容易导致粗暴地对事件定性,最终并不利于事件的快速解决。此项选择仅为2.6%,符合舆论引导本身的需要。

表3 参与微博事件经常的行为表现

		Responses		Percent of Cases
		N	Percent	
参与微博事件经常的行为表现	谴责	4	2.6%	5.1%
	表达情绪	40	26.5%	51.3%
	确定事件真实性如何	51	33.8%	65.4%
	追问事件缘由	30	19.9%	38.5%
	提出解决问题的策略	20	13.2%	25.6%
	其他	6	4.0%	7.7%
Total		151	100.0%	193.6%

广电工作者在具体微博事件的参与中,信息发布的具体情况如何?课题组将信息的发布分为如下类型:转发、跟帖评论和新发起话题讨论三类。

在"转发过的相关事件"调查中,高低排列位次为:"没有转发过"(36.8%)、"7·23动车事故"(20.0%)、"郭美美"(14.7%)、"随手拍解救乞讨儿童"(7.4%)、"我爸是李刚"和"崔永元斥湖南省教育厅"并列(6.3%)、上海地铁二运"狼多,姑娘自重"(4.2%)、"江西宜黄强拆自焚"、"常德抢尸"、杨锐"清扫洋垃圾、赶走洋泼妇"和女博士"死都不下基层"并列(均为1.1%)。总体上广电工作者对事件的选择性倾向很强。但占最大比重的是"没有转发过"(36.8%),这是因为不值得转发还是有其他原因?不管怎样,广电工作者如何将普通微博主的智慧纳入到舆论引导中来,仍然是一个需要正视的课题。

在"跟帖评论过的相关事件"调查中,高低排列位次为:"没有跟帖过"(34.6%)、"郭美美"(19.2%)、"7·23动车事故"(13.5%)、"我爸是李刚"(9.6%)、"随手拍解救乞讨儿童"(7.7%)、"崔永元斥湖南省教育厅"(5.8%)、"江西宜黄强拆自焚"(3.8%)、"常德抢尸"和杨锐"清扫洋垃圾、赶走洋泼妇"并列(均为1.9%)、上海地铁二运"狼多,姑娘自重"和女博士"死都不下基层"并列(均为1.1%)。就关注的事件而言,转帖关注的前五位是"7·23动车事故"、"郭美美"、"随手拍解救乞讨儿童"、"我爸是李刚"和"崔永元斥湖南省教育厅"并列,跟帖评论关注的前五位是"郭美美"、"7·23动车事故"、"我爸是李刚"、"随手拍解救乞讨儿童"、"崔永元斥湖南省教育厅"。此项调查显示,虽然事件排列的位次有些变化,但广电工作者关注的事件选择性倾向仍然较强。而与转帖一致的是,"没有跟帖讨论过"的占比高达34.6%,这说明广电工作者与其他微博主的有效互动仍然是一个薄弱的环节。

在"新发起讨论话题的事件"调查中,高低排列位次为:"没有新发起任何讨论话题"(72.2%)、"随手拍解救乞讨儿童"(6.9%)、"7·23动车事故"和"我爸是李刚"及上海地铁二运"狼多,姑娘自重"并列(均为5.6%)、"郭美美"(4.2%)。而"崔永元斥湖南省教育厅"、"江西宜黄强拆自焚"、"常德抢尸"、杨锐"清扫洋垃圾、赶走洋泼妇"和女博士"死都不下基层"均未在选择之列。但值得注意的是,"江西宜黄强拆自焚"和"常德抢尸"恰恰是中国社会转型矛盾的代表性事件。同时,与转帖、跟帖评论一致的是,"没有新发起讨论话题的事件"占比较高,甚至达到72.2%。明显的,这折射出舆论引导的主体性方面存在一定的问题。

4. 信息源属性

调查显示,透露信息的相关选项位次排列为:职业、姓名、单位、不透露。不同程度透露信息的累计占比达到78.7%,即广电工作者总体的选择倾向是透露相关信息。

但在关于"公众知道媒体人身份后给微博使用的影响评价"中发现,50人选择了"不好说",23人认为是"积极影响",分别占比为67.7%和31%;而只有1人选择了"消极影响"。这恰恰解释了上述调查为何在透露职业、姓名、单位信息方面分布比较均衡的原因。

信息源的属性特征在某种程度上会影响到微博传播行为,甚至是微博传播影响力的大小。从微博舆论引导力来说,广电工作者有必要强调其职业身份,以增强其传播的权威性。

三、媒体机构微博描述

(一)媒体机构开设微博情况

课题组调查显示(见表4),"已经开设"机构的占比最大,其次是"不打算开设"的,最后是"准备开设的"。在未来,总计72.6%的广播电视媒体机构将会拥有机构微博。但"不打算开设"的占比也比较明显,达到22.5%。

表4 媒体机构是否开设微博

		Frequency	Percent	Valid Percent	Cumulative Percent
Valid	缺省	4	5.0	5.0	5.0
	已经开设	51	63.8	63.8	68.8
	准备开设	7	8.8	8.8	77.5
	不打算开设	18	22.5	22.5	100.0
	Total	80	100.0	100.0	

（二）媒体机构微博的利用方式

在媒体机构实际对微博的利用方式中,总体上虽然呈现多元化态势,但仍主要集中在有限的几个方面(见表5)。具体的占比排序如下:"开辟微博报道平台"、"延续和深化对节目内容的讨论"和"将微博作为传播的一个环节或内容"并列、"进行意见或舆论调查"、"借此进行新闻采集和节目策划"、"其他"。很明显,媒体机构对微博的利用方式主要集中在前二位。即"开辟微博报道平台"占比为25.7%,"延续和深化对节目内容的讨论"和"将微博作为传播的一个环节或内容"占比均为22.9%。

表5 媒体机构对微博的利用方式

		Responses		Percent of Cases
		N	Percent	
	延续和深化对节目内容的讨论	32	22.9%	60.4%
	开辟微博报道平台	36	25.7%	67.9%
	借此进行新闻采集和节目策划	16	11.4%	30.2%
	将微博作为传播的一个环节或内容	32	22.9%	60.4%
	进行意见或舆论调查	19	13.6%	35.8%
	其他	5	3.6%	9.4%
Total		140	100.0%	264.2%

在广播电视工作者眼中,"媒体机构微博的意义"在于什么呢？调查显示,对于"延续和深化对节目内容的讨论",广播电视工作者总体上认

同占比比较高,累计达到77.5%;对于"借此进行新闻采集和节目策划",广播电视工作者总体上认同占比比较高,累计达到80%;对于"借此进行新闻采集和节目策划",广播电视工作者总体上认同占比比较高,累计达到74.8%;对于"将微博作为传播的一个环节或内容",广播电视工作者总体上认同占比比较高,累计达到81.2%。但在具体的认同程度上有一定的差异,以非常认同为例,对于"延续和深化对节目内容的讨论",非常认同的达到12.5%,对于"开辟微博报道平台",非常认同的达到30%,对于"借此进行新闻采集和节目策划",非常认同的达到29.1%,对于"将微博作为传播的一个环节或内容",非常认同的达到26.2%。故按照"非常认同"的占比排序则是:"开辟微博报道平台"、"借此进行新闻采集和节目策划"、"将微博作为传播的一个环节或内容"、"延续和深化对节目内容的讨论"。

(三) 媒体机构微博的影响力

媒体机构微博的影响力如何,课题组用微博粉丝指标来进行评价。虽然这一指标存在一定的不足,但它无疑是一个重要的衡量指标。调查显示,粉丝人数100以下的占到2.5%,超过100的占到20%,超过1000的占到17.5%,超过1万的占到8.8%,超过10万的占到7.5%,超过100万的占到6.2%。这些媒体机构的微博相当于增加了额外的传播通道,包括20个内刊、17.5个布告栏、8.8个杂志、7.5个都市报和6.2个全国性报纸。可见其确实也形成了一定的影响力。

(四) 河北电台"阳光热线"微博个案①

本研究选取民生服务广播节目——河北电台的"阳光热线"——的

---

① 本部分的参与者还有王佳艺,研究主要参考借鉴了《微传播,微关系:对广东省三个政务微博的考察》(张宁,《现代传播》2013年第4期)、《失衡与流动:微博构建的话语空间研究》(申玲玲,《国际新闻界》2012年第10期),《信息传播中内容分析的三种抽样方法》(任学宾,《图书情报知识》1999年第3期)等研究。

微博应用进行分析,目的是为了更具体地了解媒体机构微博应用的情况。

从2011年4月13日开始发布微博,到2013年7月2日,"阳光热线"一共发布1315条微博,关注数517,粉丝数3784。"阳光热线"微博设有公告栏,公告栏文字如下:"每天节目前我们会更新互动贴,请亲们就节目关注的问题在互动贴下方发表评论,每天我们会从参与节目或发表评论的听众朋友中选出两名,各赠送由君乐宝乳业提供的多谷力奶一箱。每天节目后会公布获奖听众。"公告栏还提供了"阳光热线"节目组的地址和联系方式。微博上设有友情链接,可观看网上直播和回看页面,将微博与广播节目紧密结合,方便民众收听观看节目。此外,微博上还设立了微客服,提供节目建议、问题投诉、同行业务讨论等服务项目,其他微博用户可以通过发私信的方式对其进行咨询。"阳光热线"微博上显示的媒体标签是:政风行风建设、舆论监督、民生关注。这是"阳光热线"微博基于其广播节目的特色和宗旨,进行的自我身份建构和微博形象塑造。

本次研究采取构造周抽样法,具体就是选择2012年6月4日—2013年6月4日为研究时间段,抽取"阳光热线"的部分微博作为研究样本。在所选取的时间段内,共52周,调查组在前26周抽取一个构造周,后26周抽取一个构造周,一共抽取一年内的两个构造周。根据构造周抽样法,将其所有微博全部列入研究范围。抽取的日期为:2012.6.5/2012.7.21/2012.7.22/2012.8.6/2012.8.8/2012.9.19/2012.10.25/2012.11.16/2012.12.8/2012.12.20/2013.1.8/2013.2.15/2013.3.11/2013.4.28/2013.5.22,具体统计情况如下:

1. 发布情况

在两个构造周内,"阳光热线"共发布91条微博,平均每天发布6.5条微博,累计被转发177次,平均每条微博被转发1.9次。累计被评论400次,平均每条微博被评论4.4次。"阳光热线"是一档创办了十年的老牌节目,也多次荣获各类奖项,在广播节目中影响力不低,但是其微博却并没有显示出应有的人气。对一个加V认证的媒体微博来说,"阳光热线"的转发和评论数是比较少的。但从发布时间上看,其发布于节目播出期间(11:08—12:00)的有13条,占14%,且基本上为节目互动贴。由此可见"阳光热线"的微博与广播节目联系比较紧密,微博的节目互动也在一定程度上改善了单一的热线节目互动。

2. 发布内容及发布形式

"阳光热线"发布的微博内容大致可分为6类:节目前预告节目内容和嘉宾,节目中与观众互动,民意调查,回复民众疑问,派奖信息,公共议题及其他。统计显示,节目前预告内容和嘉宾的有19条,占20.8%;节目中与观众互动的有16条,占17.6%;民意调查的有5条,占5.4%;回复民众疑问的有6条,占17.6%;派奖信息35条,占38%;公共议题微博6条,占6.6%。从中可以看出,"阳光热线"的微博发布内容以派奖信息、节目前预告内容和嘉宾以及节目中与观众互动为主,民意调查和回复民众疑问的微博较少。这一方面反映出"阳光热线"微博和广播节目联系较紧密,另一方面也反映出"阳光热线"利用微博主要局限在服务于节目,对节目以外的民意关注不够,关注点相对较窄。

在所选的91条样本微博中,原创微博73条,占80.2%。其中附带图片或音频视频的只有3条,其余均为纯文字微博。从视听效果、信息量来说,微博可读性都不够强,这也在一定程度上说明了为什么"阳光热线"微博人气不高的问题。其转发微博18条,占19.8%。其中有内容的转发8条,无内容的转发10条。转发之后信息量并没有有效增加,从传播效果来看有些不尽如人意。

3. 互动情况

(1)评论回复情况。在所选的91条样本微博中,"阳光热线"回复的评论率为72%,虽然回复的内容比较简单,但是回复的时间比较及时,给出的回复中大多也能提及有效信息,敷衍性回复较少。由此可见,"阳光热线"对民众的评论比较重视,一定程度上发挥了微博即时互动的特点,但是可能由于微博字数的限制等问题不能够给出全面详细的答复。与"阳光热线"微博互动的微博主大多是"阳光热线"节目的听众,他们的社会属性多样,且许多人是需要借助"阳光热线"这个平台来反映问题、解决问题的。相关的学者专家及有能力帮助民众解决问题的党政官员与"阳光热线"微博几乎没有互动,但这恰恰应该是"阳光热线"微博品牌最有作为的方面。相比一些地方自创的政务微博品牌,"阳光热线"微博的动员和设置议程的能力并不够。根据《2013年度新浪政务微博报告》的统计,仅2013年9月至11月,"@武汉发布"就策划发起"@武汉发布走进市民之家"和"@武汉发布走进社区"系列微访谈活动,组织当地公安局、工商局、旅游局等16个市直部门领导以及4个城区通过微博与网民互动,回复解决的实际问题达到1500余个。

(2)民众发微博留言、咨询、投诉和表扬。新浪微博媒体版设有留言板,民众可以通过发微博并@阳光热线的形式,进行留言、咨询、投诉和表扬。课题组统计了2013年5月和6月这两个月留言板上的内容,共计106条,其中咨询类32条,投诉类56条,表扬类8条。从中可以看出民众利用此平台投诉和咨询较多,民众希望通过"阳光热线"微博这个民生服务平台解决实事,但是"阳光热线"针对民众发微博咨询和投诉并没有给出有效回复,回复率极低。这是因为"阳光热线"对民众的发言不够重视,还是因为单向的传播思维,或是因为无力解决问题的尴尬?但不管怎样,可以明确的是,"阳光热线"在对待与节目相关的评论上比较积极,但是针对节目以外的民众发言显得比较消极,对节目外民众拓展的议题也不够重视,这也从一个侧面反映了"阳光热线"微博是以为本广播节目服务为主要目的,而对于节目以外的社会管理事务涉入比较欠缺。

(3)微客服。"阳光热线"微博上还设立了微客服,提供节目建议、问题投诉、同行业务讨论等项目,其他微博用户可以通过发私信方式对其进行咨询。这一方面反映出"阳光热线"有保护隐私的意识,使公众对于一些举报问题、敏感问题,能够更放心地发言。但是从实际的情况看,"阳光热线"对于私信的回复率和问题解决力却制约了该功能的发挥。

4. 非常规事件时期的表现

在此以"阳光热线"在 2012 年 7 月 21 日北京暴雨期间的表现为例。对于 2012 年"7·21"北京暴雨事件,"阳光热线"微博共发布 8 条微博,其中 7 条是转发@河北电台新闻广播—田涛(河北电台新闻频道主持人田涛)的微博,内容是关于河北易县因暴雨造成的受灾及救灾情况。还有一条是转发@中青谢湘(《中国青年报》原副社长谢湘)的微博,内容是关于对北京暴雨事件的评论。由此可见,"阳光热线"对于突发灾害事件,注重的是现场客观情况报道的信息传播,而对于该事件引发的讨论思考阙如,也没有直接发表自己的看法和观点,导致在话题深化和拓展方面的特征不明显。

第三节　公共人士使用微博现状[①]

公共人士是为社会广泛熟知,具有一定公共性品质、专业素养及社会影响力的社会成员。正是在这个意义上,公共人士不同于公开人士或知名人士,也不简单地等同于专业人士。理论上来说,学者、企业家、媒体人、自由撰稿人、文体明星和权威律师都可能成为公共人士,但未必一定是。而且在我们的论述中,为了保证论述逻辑的统一,对有关媒体人的论述由专门的章节部分进行讨论(即本书第四章第二节和第五章第二节),故不在本部分展开。

[①] 本部分的参与者还有刘宇婕。

一、研究设计

本课题选择袁岳作为公共人士的代表进行分析。来自复旦大学"舆情与传播研究实验室"发布的《中国微博意见领袖研究报告》(2012)显示,微博舆论领袖以媒体人、学者、作家和商人为主,其中商界舆论领袖的整体影响领先。袁岳在该报告影响力排名中位列第17位。

依据公开的资料可以了解到袁岳的基本情况。袁岳是社会学博士,在组织管理、高级谈判、市场营销、品牌管理、政策分析方法、社会群体研究方面有较深的研究,担任多家重要媒体和企业的管理顾问。他是零点研究咨询集团董事长,该集团的业务主要为市场调查、民意测验、政策性调查和内部管理调查,具体涉及食品、饮料、医药、个人护理用品、服装、家电、IT、金融保险、媒体、房地产、建材、汽车、商业服务、娱乐、旅游等30多个行业。零点调查还接受海内外企事业、政府机构和非政府机构的委托,独立完成各类定量与定性研究课题。袁岳以其知识的专业性、关注的广泛性、微博的活跃性,获得了较大的影响力。2004年,袁岳曾获得"影响中国五十名公共知识分子"的社会荣誉。从这些意义上来说,他符合课题组所称的公共人士。

袁岳于2009年中旬开通微博,经新浪个人认证的身份为零点研究咨询集团董事长、零点yes黑苹果青年理事长、独立媒体人,属于皇冠微博会员。目前微博等级为11级,活跃天数为1390天。截止到2013年7月4日,袁岳已关注了3000个微博用户,拥有粉丝2495547,发表过的微博总数为41123。上传到微博相册的图片有633张,其中630张为微博配图。

纵观袁岳四年来的微博,其中一个突出的变化就是:发微博的频率显著上升,由2009年的不定期发微博上升到2013年平均每天发出20~40条,并且发出的微博内容也不尽相同。课题组选取2013年6月26日至6

月30日、2012年12月22日至12月24日两个时间段的微博做详细整理,并适当选取2009年、2010年、2011年三年的微博作补充。

选取2013年6月26日至6月30日这一时间段的理由在于:这一时间段属于本次调查期袁岳最新的微博,每天微博动态更新数量大约在50条左右。本研究将每天的微博动态细分为原创、转发、转发并评论、回复四类,从每一类中随机抽取样本微博,四类微博的样本数量通过其所占该日总微博的比例决定。每天的样本数控制在20条左右,该阶段样本微博总数控制在100条左右。

选取2012年12月22至12月24日这一时间段的理由在于:这一时间段"玛雅世界末日"的谣言猖獗,属于非常规时期,为了研究袁岳在这一时期的微博动态,样本将会选取这三天内的所有微博做记录整理。

2009年、2010年、2011年这三年的微博动态将作为日常状态的样本列入研究范围,每年按月随机选取2条,共选取72条。

本次研究的内容涉及袁岳微博所关注的主要话题、情感投入、目的性、个性体现和舆论影响力。

为了完成以上内容的研究,课题组在选取样本时制定了一系列具体的指标。每一个选取出的微博样本都会按照指标的内容录入EXCLE表格中,便于后期资料的分析整理。具体说明如下:

时间:该指标确定微博时间分段,以及发微博的背景。

文本类型:记录微博类型(原创、转发、转发并评论、回复),后期用于分析袁岳微博的原创主动性,与他人互动情况以及对其他人所发表的内容所持的观点,以了解其微博的活跃程度。

内容类型:对微博的内容进行简单描述,了解其所关注的主要话题,并分析其语言特点。

互动情况:通过对赞、转发、评论的频数统计,了解袁岳微博对粉丝的影响情况,同时可以看出袁岳在网络中与粉丝们的互动情况。

情感倾向:通过对微博语言的分析概括出袁岳微博中所流露出的个人情感因素,结合微博内容可以观察袁岳在微博中所塑造的个人形象,同时掌握其对于特定事物的情感倾向特征,有助于对袁岳本人的个性分析。

所关注的对象:了解袁岳微博主要关注对象的特征。

发微博的目的:微博的目的性分析,可以说明袁岳个人角色在网络空间中的转换。

二、公共人士微博描述

(一) 总体情况

本次对于袁岳微博的研究共选取了样本微博 200 条,有效微博 168 条(其中有 32 条已被袁岳删除或者是无权限查看)。涉及所选择的三个研究时间段。从总体上看袁岳所发微博的数量逐年递增,2009 年至 2011 年 4 月平均每天发 5 到 10 条,并且所发内容以原创为主,涉及生活琐事的微博较少,多为以"今日感慨:……"为名的博客,以链接形式发到微博上,这样的长微博共有 31 个,占原创微博总数的 53%,可见当时袁岳的独立创作积极性较高。但是这一阶段几乎没有图片上传。2011 年 5 月起微博开始配图,到 2012 年,几乎每发一次微博都会配有图片。2013 年起,袁岳微博开始由以文字为主,变为图文结合,但文字居多,图片也以漫画、风景等为主。2013 年下半年袁岳转发转评其他微博的数量增多,并且原创微博形式多为图片为主并配以文字解释,此时的图片主要为他自己的生活照或他参加活动时的照片。文本类型统计(见图 12)显示,袁岳微博总体表现出了较好的原创性以及同其他微博的互动。考虑到原创和转评都涉及袁岳自身的观点传播,二者共同占比高达 68%,这显示了其微博传播的主体性特征明显。

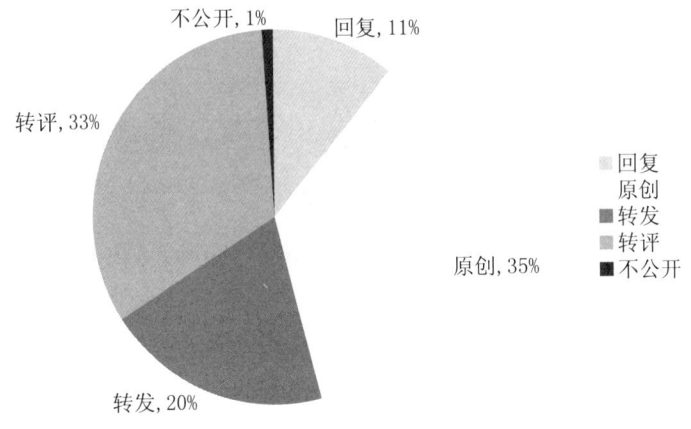

图 12 袁岳微博文本类型占比

(二) 所关注的话题

调查显示(见表6),袁岳微博中的话题最多的是零点公司公布的指标数据。而社会现状(包括房价问题、食品安全问题等)占9%,时事要闻和官员贪腐有一定占比,主要关注的信息多是当时微博热门话题所爆出的相关事件。同时,袁岳经常受邀参加某些大学生活动或者在各大高校做演讲,也参加一些公益团体或者新兴潜力企业的互动,是个社会活动家,故演讲与其他活动也有一定的占比。另外袁岳也会上传一些个人生活的图片或微博文字,内容多为各地美食和自家做的菜肴。这表明袁岳微博对微博的私人性和公共性均能兼顾,并主要体现为微博的公共性。

表 6 袁岳微博所关注的话题

零点公司	青年创业公司	官员贪腐	时事要闻	社会现状	演讲与其他活动	个人娱乐	总计
54	23	19	18	15	29	10	168
32%	14%	11%	11%	9%	17%	6%	100%

(三)所关注的对象

调查显示(见图13),袁岳微博中最关注的对象是青年学生和年轻的创业者,排在第二位的是普通大众,第三位是官员与制度。而且,他所关注的话题与所关注的对象呈现一定程度的相关性。从表格和数据综合对照可得出:袁岳微博中最关注的是青年学生和年轻的创业者及相应的青年创业公司话题,排在第二位的是涉及普通大众的社会问题与不公平的社会现状。袁岳微博关注了中国社会重要的群体及与其紧密相关的议题,自然容易获得普通人群的积极关注,这为其传播影响力奠定了基础。

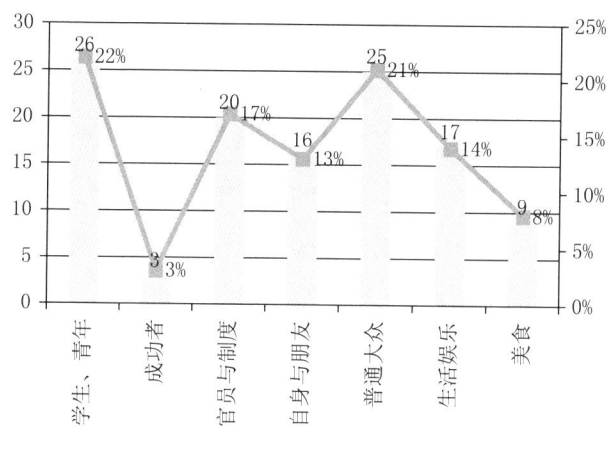

图13 袁岳微博关注的对象

(四)袁岳微博的传播影响力

微博传播的影响力主要体现在微博的扩散程度与互动上,扩散程度由转发量体现,互动则表现为评论和点赞的数量。对168条样本微博所做的统计可以看出(见表7),袁岳微博被转发的平均数为72.32次,被评论的平均数为20.15次,被点赞的平均数为3.96次。这显示其总体影响力较高。

表7 袁岳微博的传播影响力

	赞	转发	评论	配图
计数	666	12150	3385	231
最大值	28	1563	100	19
平均值	3.96	72.32	20.15	1.38
众数	0	4	5	1

同时,在168条样本微博中,袁岳对其他微博用户的回复占11%,转发、转发且评论其他人的占比一共为53%,可见袁岳在微博上和其他人互动的频率非常高。这有利于对相关微博主主动施加传播影响,也有利于传播影响的扩散。

(五)情感投入和个性体现

微博语言在传递信息的同时,不可避免地带有博主个人的情感倾向。调查统计显示(见图14),袁岳微博不带有明显感情色彩的中性微博占到总体的27%。表现出积极正面情感倾向的(喜悦快乐、钦佩欣赏、励志学术、文艺抒情)累计占到48%,表现出负面否定情感倾向的(忧虑严肃、谐谑讽刺、愤慨抨击)占到总体的25%。从情感投入上看,作为舆论领袖的

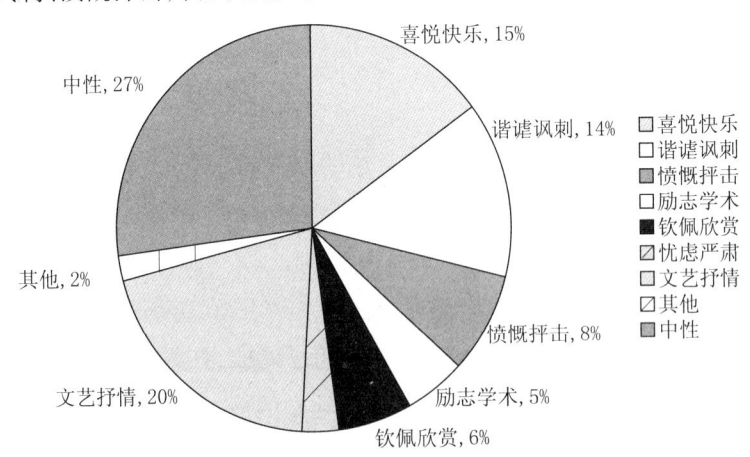

图14 袁岳微博的情感倾向

袁岳的性格偏向积极乐观,同时有强烈的社会责任感,对于社会上的不公平现象能够积极声讨、发表观点,这体现了他鲜明的情感个性和是非分明的传播个性。但就单项统计而言,中性微博占比最多,则又反映出袁岳微博的传播总体趋于理性。

(六)发微博的目的

统计显示(见图15),袁岳微博以观点表达为目的最多,占比达30%,此类微博内容多为原创长微博或转发并评论他人的微博。以单纯信息传播为主要目的的微博占24%,主要内容为转发零点指标数据所发布的调查内容。公司宣传占比10%,包括袁岳旗下零点公司和飞马旅等相关新兴企业。抒发情感占比15%,主要包括袁岳所发的一些抒情诗歌、文字、艺术感极强的图片。这再次反映出袁岳微博的传播总体趋于理性和公共性。

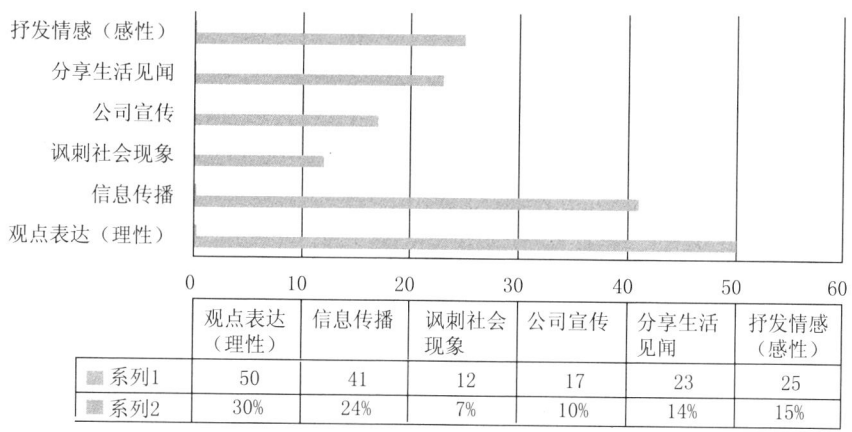

图15 袁岳发布微博的目的

(七)非常规时期的袁岳微博

2012年12月22日至2012年12月24日是本调查抽取的第二个时

间段,该时期的特殊性在于这一时间段"玛雅世界末日"谣言猖獗,属于非常规时期,样本选取了这三天内的所有微博做记录整理。然而统计结果显示,这一时间段的 39 个样本中没有任何关于"世界末日"的内容。在社会充斥着末世流言的情况下,公共人士保持沉默或者有意忽视的态度是对流言最大的蔑视,也体现出了作为舆论领袖不信谣言、不传谣言的责任感。但"世界末日"的广泛传播至少表明其有一定的社会心理基础,作为面向公众传播的公共人士来说,尽管他本人可以不屑于谣言事件,但是否仅仅是"不信谣、不传谣"就够了呢?

第四节 公众使用微博现状

微博公众是近些年伴随着微博社交媒体技术的发展才产生出来的,一个兼具社区空间性和社会交往性的重要群体。来自中国互联网信息中心(CNNIC)的《第 34 次中国互联网络发展状况统计报告》(2014 年)显示,尽管与 2013 年相比我国微博用户有所变化,但微博用户规模仍然达到 2.75 亿,网民使用率为 43.6%。这意味着,不管人们怎样质疑微博公众对中国公众的代表性,但不能忽视的是它确实代表了一个庞大群体的声音。

一、研究设计

本部分主要从两个方面入手:一是公众微博参与特定议题的传播情况分析,二是从一般意义上把握公众微博传播的政治悖论问题。前者通过具体议题的传播个案进行内容分析,后者主要是在文献研究和作为微博使用的体验者和观察者的基础上进行把握。

课题组选择的特定议题之一是 2013 年 1 月 22 日,习近平总书记在中纪委第二次全体会议上提出的"把权力关进制度的笼子里"的议题。课题组在新浪微博平台上,输入该关键词组获得相关微博传播资料。从2013年1月22日首次提出,截止到2013年6月30日,共获得相关微博163219条。而后以每10天为一个时间段节点,随机抽取160条微博进行具体分析。具体关注以下问题:热点议题微博传播过程的阶段性、议题传播变化趋势及影响因素、不同阶段用户的情感特征。

课题组选择的特定议题之二是2013年6月22日凌晨零点十四分,人民网发表文章《住房信息联网数据仅用于宏观分析,反腐功能或落空》,我们简称为"住房信息联网反腐功能或落空"议题。截止到2013年7月1日,住建部关于6月30日前将城市住房信息联网工程扩展到500个城市的承诺最终落空。所以此次研究的时间段确定为从事件发生的6月22日零时起至7月1日24时。课题组对其采取分层和等距抽样,选取每页的第5条和第15条作为研究对象,对其数量、非理性取向和情绪化程度进行分析。

二、特定议题的公众微博传播①

(一)关于"把权力关进制度的笼子里"的议题

2013年1月22日,习近平总书记在中纪委第二次全体会议上讲话时提出,"要加强对权力运行的制约和监督,把权力关进制度的笼子里,形成

---

① 本部分的参与者还有李亚楠、单艺,研究主要参考借鉴了《日常语境下的记者微博研究》(王辰瑶,《现代传播》2013年第1期)、《微博意见领袖群体"肖像素描"》(李彪,《新闻记者》2012年第9期)、《微博互动的结构与机制——基于对新浪微博的实证研究》(夏雨禾,《新闻与传播研究》2010年第4期)、《宝马撞人事件中网络论坛的火爆现象探析》(张双,《新闻界》2004年第1期)、《情感词汇本体的构造》(徐琳宏等,《情报学报》2008年第2期)、《网络新闻传播产生社会影响力的一种特殊模式》(樊亚平,《科学·经济·社会》2004年第1期)、《聚涌效应下的网络事件传播》(尚香钰,苏州大学硕士论文,2008)、《网络意见领袖社区的构成、联动及其政策影响:以微博为例》(曾繁旭、黄广生,《开放时代》2012年第4期)等。

不敢腐的惩戒机制、不能腐的防范机制、不易腐的保障机制"。之所以选择此议题的微博传播,主要是考虑到其现实性意义强,与公众的现实关切紧密,加之是中国重要领导人的讲话,更能展示出公众微博的真实传播情况。

1. 议题发展过程及其阶段性

新浪微博平台的检索结果显示:2013 年 1 月 22 日,相关微博达到 886 条,原创微博 519 条,占比近 58.6%。2013 年 1 月 23 日,相关微博为 489 条,原创微博 386 条,占比达到 78.9%。随后传播过程呈现整体上升趋势。随着时间的推移,增长的幅度逐渐放缓,而在后期传播强度减弱之后,又再次出现了峰值。很明显,"把权力关进制度的笼子里"的微博传播呈现出明显的阶段性特征。以 2013 年 1 月 22 日到 2013 年 6 月 30 日作为一个时间段,以 20 天为一个周期,划分为 8 个时段,呈现如下:

时间	1.22–2.10	2.11–3.2	3.3–3.22	3.23–4.11	4.12–5.1	5.2–5.21	5.22–6.10	6.11–6.30
微博数目	2182	152	243	114	91	89	363	302

可以看出,在议题提出的第一阶段,其传播效应最强烈,传播过程经历了从高潮到衰变,再到小高潮出现的过程。2013 年 1 月 22 日至 2013 年 2 月 10 日是公众微博参与讨论最为集中的时段。原因在于这一议题契合了当下中国的社会政治需求,且恰逢新一届政府履职之初,公众对此寄予了极高的期望,因此迅速作出了传播反应。

但 2013 年 3 月 3 日至 2013 年 3 月 22 日、2013 年 5 月 22 日至 6 月 10 日、2013 年 6 月 11 日至 6 月 30 日这三个时间段再次出现微博传播的小高潮(见图 16),显示了传播的非常规性特征,有必要对相关影响因素进行分析。

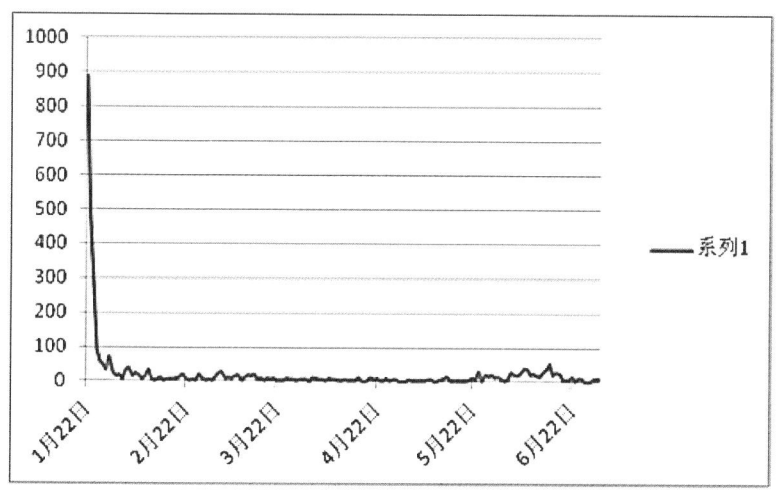

图 16　微博传播趋势(1)

不过,要分析其再次出现峰值的具体原因,在统计分析过程中,由于前三天微博数量与后边差距过大而不易找出后期的峰值对应日期,所以为分析之便需要剔除前三天微博样本,得到新的统计图(见图17)。

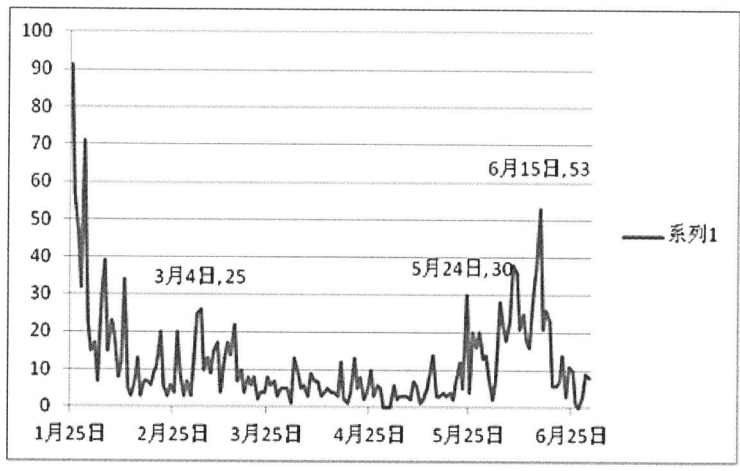

图 17　微博传播趋势(2)

统计显示,在议题进入平静期后,再次出现了意外的非常规性峰值。就图中的三个高峰,分别在新浪微博平台上限制日期进行检索。3月4日得到微博25条,其中10条与人大发言人傅莹在新闻发布会所说"把权力关进制度笼子已是各界共识"有关;5月24日得到微博30条,其中93.3%与"宪政"议题相关;6月15日得到微博53条,其中90.6%与"南宁军车撞上出租车"事件相关。通过以上分析可以得出,在常规时段即传播阶段进入平静期时,新信息因素的发生会使相关议题的传播再次引爆。但就一般而言,导致公众微博讨论再次被激发的主要因素包括:一是与议题的相关性程度,二是新信息发布者的权威性,三是该议题与公众社会政治心理的共鸣程度。但作为激发因素而言,三个因素并非需要同时具备条件。就本部分分析的议题而言,新信息因素明显地体现了不同时间节点的不同刺激因素。具体来说,3月4日的引爆直接与议题的相关性程度和新信息发布者的权威性有关。5月24日的引爆直接与议题的相关性程度较高有关。6月15日的引爆与议题的相关性直接相关。但有意思的是,三者都很难说不与公众的社会政治心理有关。之所以如此,可以通过对不同阶段用户的情感特征进行分析得以发现。

2. 不同阶段公众微博的情感性

参照大连理工大学信息检索实验室关于情感词汇本体中的情感分类,将情感分为乐、好、怒、哀、惧、恶、惊7大类20小类。[①] 我们对抽取的160条微博进行情感分类统计。课题组将乐、好定义为积极情绪,将怒、哀、惧、恶、惊定义为消极情绪。

在分析过程中,将样本中每条微博里表达情感的词语与每类情感例词对应归类,得出如下结果(见图18)。由于微博内容不完全涉及7类情感类型,在统计分析中仅以实际微博内容情感倾向性为准。

---

① 徐琳宏等:《情感词汇本体的构造》,《情报学报》2008年第2期。

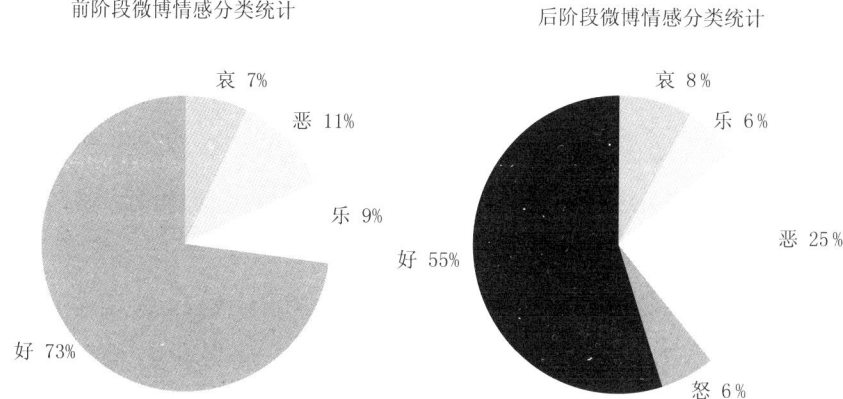

图 18　微博情感分类统计

可以看出,在前阶段的积极情绪(好+乐)占了82%,其内容多为对习近平提出"把权力关进制度的笼子里"的赞扬以及表达希望的话语;而后阶段的积极情绪比例下降到61%,消极情绪上升到39%,主要因为对其他社会热点事件(如南宁军车撞上出租车、福利住房争议、李天一事件、郭美美事件)的不满引起对该议题的新思考。

Gigaom 归纳出了在社交网络时代,每条重大新闻在传播当中会经历的七个阶段:兴奋不已阶段、产生怀疑阶段、寻求证实阶段、确认阶段、(笑话、废话)吸引眼球阶段、行动起来阶段、真正的分析阶段。经上述对比可以看出,在"兴奋不已"阶段,更多的微博用户发表的状态是基于对"把权力关进制度的笼子里"的赞美和转发。而由于中国处于社会转型时期,官员腐败、贫富差距、正义难伸等问题容易导致怀疑心理,在"寻求证实"、"确认"等过程中引发人们对现实的思考和联想,导致负面情绪在微博中显露出来,并占了很大比例。

值得注意的是,就微博参与者的话语特征分析,其非理性的情绪微博达46%,而这一部分微博的内容多涉及同期社会热点话题,用户自己抒发心中的情感倾向明显。如有些微博用户在遇到"李××强奸案件"时会联系到"把权力关进制度的笼子里"这一话题,借此抒发心中不满。而在对这些微博用户发表、转发、评论有关话题进行分析时发现,其引起的转发率往往很高,并引起很多网友重视,不仅使"把权力关进制度的笼子里"议题再次升温,事实上也扩大了负面情绪的传播范围。从社会心理学来说,容易产生传播暗示和情绪感染,甚至引起大范围的微博传播失控。

(二)关于"住房信息联网反腐功能或落空"议题

2013年6月22日凌晨零点十四分,人民网载文《住房信息联网数据仅用于宏观分析,反腐功能或落空》。半小时后,加V认证的新浪财经官方微博将这一信息以简介和链接的方式上传新浪微博。央视网8点33分进行了转载,新华网9点48分进行了转载。此后的一天内,新浪微博上相关评论暴增,仅搜索当日的微博关键词"住房信息联网",结果显示就有18128条微博。此后每日的相关微博数量递减。

由于"住房信息联网不实现反腐功能"在微博上的表述各异,课题组采用使用频率最高的"住房信息联网反腐功能落空"以及"住建部签署协议"两种说法进行关键词搜索和统计,截止到7月1日(住建部关于6月30日前将城市住房信息联网工程扩展到500个城市的承诺最终落空),十天内通过关键词搜索出的微博自动过滤"僵尸粉"的转发后,数量共计1398条。趋势图如下(见图19):

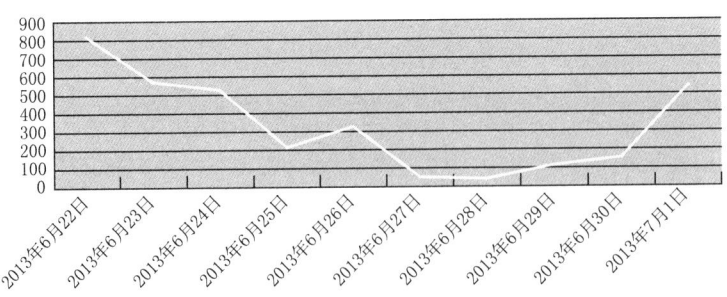

图19 微博数量趋势图

由统计可知,6月22日当天微博发出量最多,此后数量总体性下降,7月1日标志500城住房信息联网计划宣告破产,当日的相关微博数量明显上升。分析其中原因在于腐败对象的重要表现之一就是房产,人们对腐败问题的关注必然延伸到对反腐手段的关注。经历了"房叔"、"房姐"等事件后,人们对住房信息的联网的反腐功能给予了极高的期望。任何与此期望不一致的信息,都容易激发人们的讨论。6月22日是个刺激日,必然达到一个顶峰。但刺激性会随人们情绪发泄之后而减少对其关注,因此呈现下降趋势。7月1是一个联网承诺落空的确证日,也会因为日子的特殊性形成反弹性关注。

为了把握该议题微博传播的情感取向,借鉴国内相关的研究,课题组对微博传播内容的情感取向作出如下分析:

分类	细化	举例
理性	冷静地反思、认知或谴责	住房信息联网仅用于宏观分析 反腐功能或落空
		官员财产公布基本没戏了,那样容易扰乱金融、地产的秩序,直接影响GDP
		你查询官员的就行了,普通公民就算了
	客观描述、不作评价	
非理性	谩骂	住建部别唱双簧公布一下城市名单吧,遮遮掩掩个P啊
		……既然不想反也没办法反,何不腐败合法化、公开化呢? 呸!
		……让6亿网民来看看哪些城市不要脸!! 只有舆论压力才有作用! 住建部显然是不想作为!
	讽刺、贬义的描述	住建部居然可怜巴巴地向下面承诺,实在是无语了!!!
		各级政府要充分认识到保护腐败集团的腐败分子的重要意义
		最高领导都没有执行力,看来不用多久就跟晚清差不多了
	表达情绪激烈(愤怒或鄙视)的符号	

进而,将统计结果中非理性的微博数量除以总数,得出当日的非理性程度,结果如下(见图20):

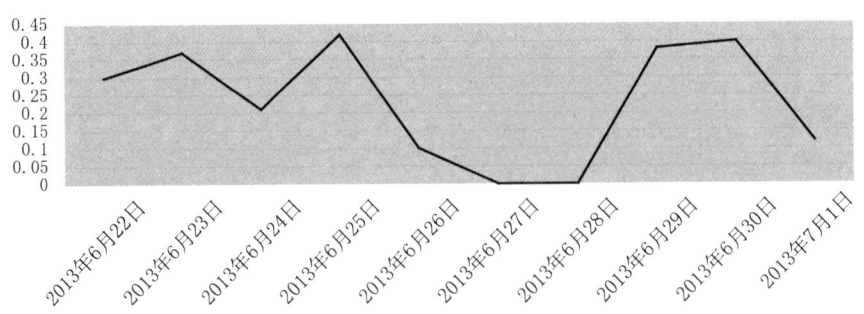

图 20　非理性程度趋势图

统计显示,6 月 22 至 6 月 23 日,微博文表现出的非理性程度很高,此后基本下降,渐趋理智。课题组在研究过程中还发现,传统媒体针对该话题的报道集中在 23 日至 25 日,但是在 26 日的时候,微博开始大量转发传统媒体上的报道内容。这到底是传统媒体的影响,还是微博公众自身理性程度较高所致?课题组在进一步关于参与这个议题的所有博主的身份调查中发现,除去匿名、未实名认证的个人之外,绝大多数有实名认证的参与者都是十分关注住房相关信息的地产商、房屋中介网站等,且参与到话题中的个人,主要集中于公司的中上阶层,文化水平普遍是本科学历以上。

到 6 月 29 日,即住房信息联网承诺的最终期限将至,网民的非理性程度显著上升,此后的两天内,非理性程度居高不下,出现极端性的讽刺和谩骂。这表明,任何事件后果需要评估公众群体的基本诉求及其承受临界点,否则不排除从线上问题向线下转移行动的可能。到 7 月 1 日,500 城住房信息联网最终宣告破产,网民注意力由"住房信息联网不反腐"转移到"住房信息联网破产"上,之后逐渐趋于理性。

为了把握本议题传播中微博公众的情感的投入程度,课题组做了如下的排序:

情感强烈程度	强 ——中—— 弱			
行为分类	非理性行为		理性行为	
详细分类	谩骂	讽刺	理性分析	直接转发

具体操作是将情感投入程度分为四个等级,数字越小情感越强烈。1表示博文中出现谩骂等表示强烈情感的词语,2表示讽刺等情感色彩稍弱的博文,3表示理性分析,4表示直接转发。所得的均值除1,得到情感投入程度。结果统计如下(见表8):

表8 微博公众的情感投入程度

日期	均值	情感投入程度
6月22日	2.5	0.4
6月23日	2.84	0.35
6月24日	2.95	0.34
6月25日	2.91	0.34
6月26日	3.3	0.3
6月27日	3.4	0.29
6月28日	3.25	0.31
6月29日	2.63	0.38
6月30日	2.8	0.36
7月1日	3.26	0.31

由统计可知,事件爆发的当日参与者的情感投入是最大的,此后从6月22日至6月27日,情感投入呈递减状态。6月28日、6月29日略有上升,此后继续下降。这一规律大致与情感取向是一致的。总的来说,离特殊事件的关键时间点越近,网民的情感投入越多。

三、公众微博发展的政治悖论①

由于微博并非国家的制度性安排或主动推进的结果,而是社会自身发展和强力推进使然。因此,微博发展表现出非国家预设性的社会推进型政治生态特征,并不时地表现为个体性、集聚、非预谋、非常规、权宜、动员、围观、游戏、挑战等民间社会特质的杂糅,从而导致公众微博在发展过程中出现一些政治悖论。

(一)政治人格:公众性与个人性

有人已经注意到,"随家庭整体技术的推出,与知识和与娱乐的新关系将被普及:这种关系说到底是个人主义的甚至是分裂成极小单位的,它介乎游戏和学习之间、生产和消费之间"。② 他特别地指出了作为新技术使用者身份的非确定性和个人主义的书写方式。这种明显的个人主义书写倾向,使得个人表达可能不能有效地转化为社会公共表达,也不能在具体的情境中顺利实现身份的合理转移。如果以游戏心态对待知识,以消费心态对待生产,以不屑对待崇高,以滑稽对待严肃,其产生的社会政治后果是显而易见的。

1998年,有西方学者对政治问题新闻组的考察就发现,通过成员组回复彼此的文章,大多数新闻组创造了一种讨论的感觉,然而多数是在表达观点而不是解决问题或达成共识。换言之,多数参与者的谈话仅仅是消遣性的。③ 不仅如此,网络(包括微博)已从个人主义不断地发展为与个体主义并举。二者所造成的社会影响也不尽一致,但造成的社会政治

---

① 部分内容还可参见谢进川:《关于微博政治传播的几个问题分析》,《中国青年研究》2012年第9期。
② 〔法〕麦格雷著,刘芳译:《传播理论史:一种社会学的视角》,中国传媒大学出版社2009年版,第199页。
③ 〔英〕冈特利特著,彭兰译:《网络研究:数字化时代媒介研究的重新定向》,新华出版社2009年版,第277页。

后果却是一致的,那就是都会侵蚀社群的基础。① 换言之,个人主义和个体主义的书写(包括表达)的泛滥,并不会带来社会政治的进步,甚至很大程度上可能成为自恋人格的滥觞。进而有人从桑内特的"自恋才是当今时代的新教伦理"观念进一步延伸——"我们写博客、玩个性,努力向别人展示我感觉到了什么,这种自恋情感的逻辑结构与中世纪的禁欲主义如出一辙,都是畏惧清晰地审视和面对自身的情感和欲望"。② 由于类似个体的增加,并因"人数众多"而获得某种所谓的正当性,自然也就被认同为社会人格的集体表征。

就个体性来说,虽然我们肯定微博在特定的议题上通过传播网络重组公众,实现了一定意义上的组织性,但规模意义上的组织性的基本性质取向仍然是需要重视的一个后果。因为微博公众容易从个体走向个体主义,这往往意味着积极公民本质的缺失,私人问题和局部利益扑面而来,犬儒主义成为最亲近的选择。但积极公民社会需要的是"那些能够从社群的立场而不是从其所从属的家庭和群体的特殊立场来评价道德规范的人"。③ 这种成熟"不仅是通过我们与别人冷静评理的对话能力的发展而获得的,同时也是通过我们感受别人痛苦的能力获得的"。④ 微博个体主义显然缺乏这种必要的对话和体验能力。特别是,虽然我们能够以社会政治的名义和视角考察微博的诸多特性,但事实上微博的存在还被视为一种经济的存在。通常个体主义往往追求个体利益最大化的工具理性,(舆论)作假变得充满个体正义和认知上的理所当然。于是,虚张声势与民声沸腾不但不是清晰可辨,更让民意扑朔迷离。当现有监测技术无法及时有效地筛选虚假微博互动时,将直接导致社会管理过程对此的监测

---

① 〔法〕埃里克·麦格雷著,刘芳译:《传播理论史:一种社会学的视角》,中国传媒大学出版社2009年版,第23页。
② 梁捷:《自恋与公共人的衰落》,《社会学家茶座》2008年第6辑,山东人民出版社2008年版。
③ 〔英〕尼克·史蒂文森著,顾宜凡等译:《媒介的转型:全球化、道德和伦理》,北京大学出版社2006年版,第21页。
④ 同上,第35页。

失效。

微博政治人格应表现为怎样的主体性？鉴于"公众不是自然存在的主体,其主体性只能是具体的历史动态。这是个交往的动态,由如下相关联的元素构成:(1)在自由、开放的场景下个体得以充分地表达其意愿或利益;(2)经此形成利益群体;(3)并将这利益理性地表达为政治意愿"。[①] 从而人们必须在聚众(crowd)或大众(mass)以及公众(public)之间有所觉悟,那种游戏、自恋等微博政治传播人格表现与作为目标的公众性还相距甚远。

(二)政治态度:政治感与感觉政治

与个人主义和个体主义的书写相关,微博的政治态度表现也不尽如人意。施密特的《政治浪漫派》认为,政治决断代表了个体对政治的道德感和责任感,但浪漫的个体绝不是通过审慎合理的思考而做出政治判断的,他对某种政治的推崇完全是因为这种政治突然符合了他一时的心情与趣味。"在个体解放的名义下,一切外在的现实政治都是枷锁和樊笼。随心所欲地谈论政治、不加思考地愤世嫉俗,在此意义上,他们并不具有真正意义上的政治的感觉,他们津津乐道的仅仅是感觉的政治"。[②] 面对这种"感觉的政治"表达,潜在的后果是助长在全球范围内越演越烈的政治过程表演术。对政治家来说,"政治已经不仅仅成为一门劝服的艺术,参与者在政治生活中需要考虑风格、出场方式以及市场营销手段;其重要程度不亚于政治内容与问题实质"。[③] 中国从中央到地方针对新闻发言人的新媒体技能培训项目比比皆是,在一定程度上也是顺应了微博传播形态下的主动性政治营销特征。

不仅如此,"政府在互联网上的象征形象,不论是过去还是将来都很

[①] 潘忠党:《传媒的公共性与中国传媒改革的再起步》,《传播与社会学刊》2008 年第 6 期。
[②] 范昀:《论政治感》,《社会学家茶座》2008 年第 6 辑,山东人民出版社 2008 年版。
[③] 〔英〕麦克莱尔著,殷祺译:《政治传播学引论》,新华出版社 2005 年,第 214 页。

重要,但源源不断的技术创先,意味着更为复杂的关系,它将建立在联系的直接性,对生活方式的关注以及娱乐价值等方面"。① 微博显然也满足了这样的变迁需求。特别是针对当下不少政府网站形同虚设,抑或缺乏互动的事实,微博政治互动的"直接性,对生活方式的关注以及娱乐价值等方面",已然成为传播政治的重要构成部分,并超越了一般性的政府互联网站应用,也在一定程度上达到了"亲(和)则至亲(近)"的传播目标。

但"会说问题"比"会解决问题"似乎更为重要,对社会情绪的刻意迎合,以及对政治表演术的过分倚重,可能使得政治沟通的"亲民化"简化为"政治生活秀"。尽管有人宣称一定的"秀"实为必要,但"秀"的内在皈依是解决问题,绝非形象构建。因此,"感觉的政治"虽然表现为"你情我愿",但它不是人们真正期待的"政治感",否则将与解决社会真问题的旨趣相悖离。

(三)政治文化:平等性与卑微性

近些年,从高级官员的讲话到中层干部的新媒体培训,表明中国政治主导力量对新媒体可能带来的社会政治变化已经严阵以待。虽然一些政府官员与其微博粉丝建立了较为亲密的互动,但实际的复杂性远甚于此。对于新媒体的社会政治意义,不同层级的政府也并未在某种层面上达成共识,以至于一些社会事件在微博上进行得如火如荼,有关基层政府对此竟一无所知。即使在现有的一些官民微博互动中,也不同程度地表现出某种政治文化张力:卑微性与平等性。

在线下现实中,限于原有的社会政治制度设置赋予普通人群抗争空间的不充分性,一旦后者遭遇到权力资本和资本权力的双重夹击,其所耗成本(包括时间成本、物质成本以及精神成本)是多数人无法承受的,以至于他们在基层政治中往往采用"大闹快解决"的惯性策略,甚至是本能

---

① 〔英〕安德鲁·查德威克著,任孟山译:《互联网政治学》,华夏出版社 2010 年版,第 273 页。

的报复举动。对和谐社会而言,二者都是致命的。特别是后者,因为它此时遵从的行动逻辑是毁灭抗争,并有内在的个人正义作为支撑(尽管它并非完全符合社会正义)。从个体心态来说,它是一种以小换大的报复心理。正因如此,他选择的报复对象也非仅限于当事人,而是包括与该当事人有关甚至是无关的人。

因此,政府机构及其官员主动开设微博具有潜在的政治机会资本意义。对普通人群而言,这至少是一条解决自我问题、连接政治和一定程度上探讨社会及政治议题的捷径。在彻底根除人治色彩的社会管理残余之前,以"人(大官)治人(小官)"是特殊的有效手段,并往往会推动特定事件迅速解决,而借助微博更能加快解决具体问题的进程。虽然这种方式在西方人看来似乎不可思议,但对正在推进制度化改革的中国而言,体现的正是转型中的中国社会政治发展进程中其传统性特征的一面。

与"人(大官)治人(小官)"的有效性相一致,中国微博的一些官民互动及推动事件的解决,还不时呈现的是威权主义式的沟通和执政特征。在从上至下的威权影响下,微博政治互动中的人们不时保留了对"告状"和"诉苦"的路径依赖,一定程度上它延续的是传统的社会政治中弱者的"卑微"心态,某些官员甚至某些政府机构也乐于享受这样的政治文化。但在这种典型的关系特征及其角色规制下,它所共享的也是卑微性和施舍与被施舍的文化,并不符合现代中国公民社会主张的平等理念及公众社会政治能力的发展需要。

有研究者指出,"许多成功的电子民主认同是基于特定地理位置的。……纯粹的虚拟社区——那些不是植根于地理上的——可能缺乏某些对创建和维持真正社区的承诺"。[①] 这一研究也在一定程度上可以解释为何关注某一地方官员微博的多是其所辖区市民的原因。同时,由于众所周知的对一些政治权力滥用的担心,有时人们并不愿意在与官员微

---

① 〔英〕安德鲁·查德威克著,任孟山译:《互联网政治学》,华夏出版社2010年版,第140页。

博的互动中披露自我的真实身份,特别是在涉及相对敏感的议题时。因此,在没有真正变革为平等性和服务性政治文化之前,微博政治传播的良性互动还存在障碍。而对于理想的官员微博政治沟通来说,重要的是采用协商模式而非频频的拯救模式。

第五章
长效管理

第一节 政府微博的管理

打造政府微博平台,通过切实有效的互动,促进政府向服务及效率、质询及正义两个方面分化。广泛实现官民对话,使政府微博成为能够了解民情、汇集民智和引导舆情的新窗口,最终提升微博在社会生活服务、社会问题管理和民主政治建设方面的重要价值。不过,这一过程还需要处理好威权主义国家与微博公民性的张力,注重和应用必要的政治与社会传播管理策略。

一、政府微博管理的基本思路

从政府微博社会管理创新来说,无论是官员微博还是机构微博,除了单纯的信息传播外,应着力提升微博在社会生活、社会问题管理和民主政治方面的重要价值,最终真正使得政府微博成为能够了解民情、汇集民智和引导舆情、广泛实现官民对话和提升服务质量的新窗口,成为对政府机构及其官员形成有效监督的新渠道。

之所以这样说,是因为就根本性诉求而言,微博在广义政务中的应用建设势必朝向两个方面分化:一是服务及效率问题,二是质询及正义问题。

中国在新世纪提出社会管理问题,近期更是强调加强和创新社会管理,提出"要牢牢把握最大限度激发社会活力、最大限度增加和谐因素、最大限度减少不和谐因素的总要求,积极推进社会管理理念、制度、方法创新,完善党委领导、政府负责、社会协同、公众参与的社会管理格局。要以解决影响社会和谐稳定突出问题为突破口,通过协调社会关系、规范社会行为、化解社会矛盾和深入细致的群众工作,维护人民群众权益,促进社会公平正义,保持社会良好秩序,有效应对社会风险"。从中央主张来说,这无疑是好的施政和管理理念。但在面对党、国家与社会利益的时候,更考验这一举措的贯彻能力。中国官方不断褒扬微博,甚至开设微博进行互动,但这不能仅仅是为了达成一个高效的管理政府而不是要形成参与的政治。否则,届时这种应激性的参与政治还有可能助长基层政治的冲突,加剧社会对基层政府的不信任感,导致这样的政治文化本身具有幼稚性。而西方国家基于对社区政治的重视,恰恰重视民众与基层的紧密联系、深层互动和热情参与。对此,我们需要从战略政治的视野对微博政治进行思考。

与微博在广义政务中的应用分化分别对应的是:服务的提供及与之相关的消费,质询的互动及与之相关的监视、讨论与问责等。① 后者在今天中国的凸显有其特殊的政治变迁、财富分配语境。但显而易见的是,前者是一个当下的政治,后者是一个长远的政治。只是伴随全球化进程的加剧,信息时代的无国界化传播,使得国人的政治与社会体验在不断地缩短二者的距离。

就服务及效率问题而言,尽管社会强调"需要用胜任替代无知,用内

---

① 谢进川:《关于微博政治传播的几个问题分析》,《中国青年研究》2012 年第 9 期。

行替代外行,用专家替代万金油,用更多的分工与专业化替代表面的灵巧,用经过系统训练的管理人员替代未受训练的新手",①但在这一过程没有根本性完成的情况下,微博等新媒体时代的快速而便捷的联通体验加剧了前专业化的窘境。可以说,中国所有的城市整体上处在新媒体应用的最为低级的延伸阶段,甚至是低级阶段中的初级阶段。例如,2013年中期数据显示,北京机动车保有量目前已突破530万辆,北京车管所网站公布的变更手续通知似乎清晰地罗列了若干种类型。但里面并未特别指出一条:要开车到现场。事实是,车管所要求变更手续必须要到现场,即便夫妻之间汽车所有权人变更也是如此。由此产生的成本谁在计算,谁在默默承受？手段的改变丝毫没有带来服务观念对管理观念的有效冲击。对很多职能部门而言,管理几乎等同于权力,他们忘记了在没有任何犯规的情况下,管理本然应等同于服务的基本宗旨。职能服务如何走向智能服务,是解决效率问题的最佳路径。当然,这种强调潜在的前提是政治与行政的合理二分。因为在专门的行政性研究者看来,行政管理的领域是一种事务性的领域,政治领域则往往显示了混乱和冲突;政治关涉的是重大而且带普遍性的事项,行政是国家在个别和细微事项方面的活动;政治对应的是政治家的特殊活动范围,行政管理对应的是技术性职员的事情。② 由此,才产生不同的评价体系和标准,以及在对待特殊价值(如妥协)上的明显差异。

就质询及正义问题而言,寻租今天几乎成为腐败最为重要的内容。按照一般的看法,寻租指的是利用权力通过政治过程而获得资源和特权,构成对他人利益的损害,该损害大于租金获得者收益的行为。③ 1999 年 1

---

① 张康之、向玉琼:《变动于政治与行政部门之间的政策问题建构权》,《新视野》2013 年第 5 期。
② 〔美〕威尔逊:《行政学研究》,载于彭和平等:《国外公共行政理论精选》,中共中央党校出版社 1997 年版,第 14—16 页。
③ 〔美〕塔洛克著,李政军译:《寻租——对寻租活动的经济学分析》,西南财经大学出版社 1999 年版,第 36 页。

月,韩国开通城市的"民政处理在线公开系统"(Online Procedures Enhancement for Civil Applications),公民可全天监督信访受理情况。美国总统奥巴马针对医疗改革,专门开通"真相核实"网站,以应公众疑问,澄清反对者散布的谣言。因此,从这个意义上来说,微博可以成为监视和评论(讨论)的基本平台。如果说现代世界文明发展的历史"主要沿着两种形式发展:独立、自治的民族国家之间的平等以及个别公民之间的平等",①微博等新媒体参与则是夯实了国别内部公民平等理想实现的基础,拉近了与现实的距离。问题在于,今天的一种怪现象是公众不知法,部分特权人是知法犯法但不受处罚(或减免处罚),或者是选择性执法等。可见质询除了一般地基于价值基础外,更应导向理性的法律及政策基础。具体包括国家对主流(核心)价值的有效传播、合理的奖惩制度设计,以及适时对法律与政策信息进行公布和建立法律政策信息公开库平台,从而为质询及正义建立起切实的价值与理性依据和实施保障。

这一点十分必要。现代政治制度本身在面对国家、政府及成员的利益与公众的利益的时候,难免存在一定的冲突。而全民皆政治家并不现实,也不符合马克斯·韦伯对官僚制度的现代性阐释。但这并不否定民众的参与条件和参与能力,以及参与感的民粹特质。这在防止以公共利益的名义和身份进行寻租时是有效的。所以,需要强调的是,人们所珍视的是民众的参与条件、参与能力以及参与感,至于参不参与则如职业选择存在差异一样,是被允许的。简短地说,它保证政治的开放性,任何人只需付出正常的努力即可具有行动力。从而势必形成这样的情势:个人(特别是底层人)不再觉得自己太无力,公务员也不过是一个普通的职业而非特权身份的代表。

政治与行政的媒体化在当今已经是一个全球性的事实,这一过程也

---

① 〔加拿大〕詹姆斯·塔利著,黄俊龙译:《陌生的多样性:歧异时代的宪政主义》,上海译文出版社 2005 年版,第 15 页。

可以被理解为政治传播的媒介化的新表征。来自相关统计显示,全球125个国家的总统、首相和相关机构在 Twitter 上注册了账号,南美有75%、北美有83%的政府拥有 Twitter 账号,非洲的比率为60%,亚洲的比率为56%,75%的欧洲领导人活跃在 Twitter 上。① 西方学者通过对反政府现象的观察,认为民众反政府的情绪主要源于政府滥用权力、政府政策与公共服务的效能低下以及政府的冷漠。② 借助新媒体平台建设,有利于形成更及时的有效回应能力。甚至"从战略的高度看,应是集价值传播、信息管理、危机应对、关系建设和社会责任于一体的框架"。③

同时,这一建设过程需要处理好威权主义国家与微博公民性的张力。因为在公众与政府的互动中经常存在一种悖论。一方面,平等思想冲击特权思想,自由观念冲击专制观念,分权观念冲击集权观念;但另一方面,"主人意识缺失,依附观念较浓,不把自己作为权利的主体,而寄希望于上级领导为己做主"。④ 微博上的"申冤"、"诉苦"莫不如此。尽管近年来国外有学者运用先进的网络技术,通过对联网居民与未联网居民进行了长达3年的比较研究,发现经常运用互联网的人不仅在网上会表现得很活跃,在现实社区中同样表现出较高的参与热情。⑤ 但在中国,部分微博公众的双重政治人格清晰可见:线下政治行动与线上行动不一致,表现为线上积极,线下消极;线上要求自由、民主和平等,线下想方设法特权化和权力化。因此,从国家方面的建设来说,必须依托于基本制度的完善和构建,将威权转化为治理权威。唯有如此,才能有效缓解威权主义国家与微博公民性的张力。总之,在形塑公众性政治人格、培养具有政治感的政治态度和共享平等性的政治文化前提下,微博政治传播前景可待:微博将成

---

① 博雅公共关系有限公司:《各国领导人 Twitter 使用情况调查》,《国际公关》2012年第5期。
② 李学:《正视民主性知识:代议制民主政府治理危机的反思与重构》,《公共行政评论》2013年第3期。
③ 黄河、王芳菲:《新媒体如何影响社会管理》,《国际新闻界》2013年第1期。
④ 朱伟方:《现阶段中国社会政治意识现状及特征分析》,《社科纵横》2009年第10期。
⑤ 高华:《因特网能加强人际关系与社区参与》,《国外社会科学》2000年第6期。

为社会发展和革新的场域,并进而辐射中国,更快地促进互动政治的分化和发展。同时,这也对中国政府合理制度化微博政治的能力提出了新的要求。

不过,在实现这些总体目标的情况下,政府方面还需要注重和应用必要的传播策略:

(1)利用公权力机构及成员的影响力,倡导一些力所能及的公众行动。2013年1月29日12时59分,北京市政府新闻发言人王惠通过微博发起"不放烟花爆竹,从我做起"的倡议:"惠粉们,为守护我们一刻都不能离开的空气,我承诺:从我做起,不放烟花爆竹。我也承诺:如遇空气重污染橙色、红色预警,说服我身边的亲朋好友不放烟花爆竹。同意的亲们,请加入'我承诺'活动,和我一起行动吧。"短短一天,此微博已被转发300余次。

(2)突出政府微博的个人化风格传播特征,拉近其同民众的距离,为进一步的微博交往奠定基础。事实上,调查组在对活跃的其他官员微博的研究中也发现了共同之处。通过选取蔡奇①连续两周的微博文本内容进行分析发现,②在蔡奇的微博中,个人生活感悟类(86条)占到了总体的55.5%,为最高,接下来依次是日常工作类(47条)、政务信息发布与处理类(22条)。就个人生活感悟来说,蔡奇关注的话题非常广泛,包括电视节目、体育赛事、教育、哲学、书法、茶道等许多方面。这也印证了蔡奇自己的话:"微博里年轻人多,生活、文化、体育类爱好者占比大。我的听众也一样,需面对他们的需求来发博互动。"当然,这种个人化风格传播有时会通过公共事件的处理过程,使其人格特征得到加倍强化。贵州省副省长陈鸣明的微博就是如此。2013年7月28日,陈鸣明转发一条美国枪击

---

① 蔡奇,1955年出生,福建人,曾任中共浙江省委组织部部长、浙江省副省长。蔡奇于2010年开始使用微博,是我国最早使用微博的官员之一。在腾讯网发布的《2012年腾讯政务微博年度报告》中,蔡奇在十大党政官员微博排行榜中名列第一位。
② 2013年7月15日至7月31日(共17天),共计155条微博。

案的微博称"不爱国的人是人渣、败类",在网上引起争议,网友关注度迅猛提升。第二天,陈鸣明发布长微博向网友道歉。他没有刻意删除原微博和评论,而是积极回应网友质疑,并诚恳地指出,"监督和批评本身就是爱国的表现"。在长微博中,博主表达了自己对微博的看法,对网友的批评认为"既是观点之争,也是自己个别言词欠妥",对此虚心接受,表示"在微博上,有话要好好说,才会被更多的人接受",自己既是爱微博的网民,又是副省长,以后要"有话好好说,从我做起"。针对微博内容,博主说出了自己的观点,并肯定社会监督的重要性,进而肯定微博在社会监督方面发挥的巨大作用。此长微博被转发量达到了 33701 次,被赞数达 8541 次,被评论数达 71501 条。在 2013 年的《新浪政务微博报告》中,其微博还位列"中国十大公职人员微博"第 6 位。同时,日常议题的关注倾向也会强化博主个人传播风格。正如课题组在前面关于贵州省副省长陈鸣明的近期微博关键词的分析(见图 4)中所指出的那样,其微博的关注议题在热点议题与一般议题、全国性与地方性、当下性与未来性、理论问题与实践问题方面都有关注,但关注议题的选择性倾向分明:首先是中国、贵州、改革、经济;其次是工作、教育、农村、生态等。

(3)强化官员的身份意识和行为规范意识,但又要有鲜明的传播立场和观念,完成应有的信息传播义务,以形成与此身份相匹配的传播。微博是一个公共的空间,鉴于官员的特殊身份,公众会十分关注其行为和状态,官员的行为势必影响到其自身和政府的形象。在博主王惠的微博传播中,就有一次在台北花莲市大陆旅游团发生车祸时,博主未能注意用语,导致粉丝不满。虽然博主在后来专门发微博致歉说明原因,并获得理解,但这也提示官员应该时刻注意这一点。不过如果过于在意所谓形象,往往又容易导致传播的保守主义倾向。官员要敢于说出自己的观点,怕被网友指责或是担责任而不敢表明自己立场态度的官员行为,不会受到网友的欢迎。博主蔡奇最偏爱的表达方式是"转发 + 评论",这占到了样本的最大比例:63.9%(99 条)。蔡奇的"转发 + 评论"类微博的评论内容都比较短小,一般不超过一句话,多是发表简略看法,点到即止。尽管不作深入探讨,但观点鲜明,也引人思考。从公众评价角度来说,官员微博是否做到了与身份相匹配的传播,是以长时段的互动作为总体评价基础的,官员不必受制于小时段的传播。博主王惠起初开设微博的时候,也遭到公众的挤兑,"微博是草根舆论场,你个官员来干什么"?但她坚信,"只要我们坚持为老百姓服务,今天不被理解,明天不被理解,有天总会被理解。看我这条微博认为是作秀,看下一条还认为是作秀,总有一天会明白不是作秀,是诚心诚意的服务"。①

(4)及时互动,最大限度地发挥微博的便捷传播优势。调查组调查表明,在本研究的样本中,博主与粉丝互动率明显偏低,很多博主只是发一条微博之后便再无传播行为,对于该微博引发的质疑讨论等未能作出及时有效的回应。官员有时甚至对粉丝提出的建议和问题视而不见。但若不能实现双向互动,微博发布再多的信息,粉丝再多,也难以真正提高官员微博的社会认同度,促进其功能的有效发挥。对政府机构微博来说,如果过分集中在"宣传信息、民生信息、生活常识"等方面,就会导致过于偏向单向传播。将机构微博的作用局限于宣传的原因,是由于在传统行政观念的影响下,部分政府机构仍旧把微博视为宣传和控制舆论的单向发布平台,在新媒体上显露出的是政府旧有的传播理念和思维方式。北京"京西门头沟"的标签是"愿成为您与政府沟通的桥梁",桥梁是有来有往的,而不应是单纯的宣传与告知。政府微博应该利用微博点对面、点对网的更为平等和广泛的模式,借助新媒体的传播特点,突破原有的政民沟通不畅的格局。显然,"京西门头沟"远远未能将微博深度吸纳于社会管理之中。当然,其微博的独特创新也有其他政府微博可以借鉴的地方。知名的政府机构微博@平安北京同样存在需要改进之处。@平安北京为北京公安局官方微博,截止到 2014 年 7 月 25 日,有粉丝 7077984 人,是

---

① 张哲等:《微博是政府的机遇:访北京市新闻办主任王惠》,《南方周末》2012 年 12 月 6 日。

具有亲民、便民影响力的中国政务微博。该微博平日主要发布日常注意事项、交通道路改变等生活通知、警务通报,并对热点新闻进行回应。如安徽青年跳楼一案,@平安北京当天就给出了非常及时的正面回应,有力地粉碎了网上的不实传言,稳定了民意。但在因2013年4月15日的上海复旦大学发生医科硕士中毒事件而再次为微博关注的朱令铊中毒事件(清华大学1992级化学系女生朱令在1994年11月底出现铊中毒症状,最后得益于互联网才得到确诊和救治,但调查真凶未果)的传播上则表现不佳。2013年4月17日晚,贝志城@一毛不拔大师在腾讯微博接受网友提问,称不认为嫌疑人有被绳之以法的一天,并再度公布了"发帖指南",称当前更希望大家为朱令捐助。至此,朱令案开始进入网民视野,微博上各路大V(包括@李开复、@姚晨等)纷纷转载相关消息,并要求相关部门重启调查,找出真凶,加以严惩。一个多月里,此案相关词一直居于微博热词前十位,而@平安北京给出正式回应的微博在5月8日17:06才发出,期间使得各方猜测层出不穷,民意激愤。

二、政府政治承诺的有效性[①]

近些年微博事件的频发,使得政府的政治承诺日渐增多,政府如何实现政治承诺的有效性也成为一个综合性的政治与社会传播管理问题。

微博事件在凸显社会力量勃兴的同时,也暗示了社会自身的治理困境。"在社会差距越拉越大,分化日显的中国社会,民众最强劲的呼吁即是利用国家权力维护社会的公平正义"[②]。在具体的微博事件,特别是抗争性微博事件中,"至少会涉及某个政府行动主体,它或者作为权利声称者出现,或者作为权利声称的目标对象出现,或者作为第三方出现"[③]。

[①] 还可参见谢进川:《微博事件中政治承诺的有效性分析》,《现代传播》2014年第1期。
[②] 王云骏:《和谐社会的政治承诺危机及其防范》,《江苏行政学院学报》2009年第2期。
[③] 刘能:《当代中国群体性集体行动的几点理论思考》,《开放时代》2008年第3期。

相应的,微博事件或作为社会分化及利益博弈的具体表征,或作为人们的行动实践,借此从政府获得一定的政治承诺是微博事件发展历程中的应有之义。特别是,微博事件与现实中大量的直接性利益群体事件(如土地、房屋搬迁、饮水、环境污染)不同,其传播的广域性特征突破了地域性群体事件"愈是距离民众愈近的权力,愈与民众的直接利益相关,也愈为民众所关注"[①]的传播规律。从而,其对政治承诺的要求更多,并在时间上表现为政府的政治承诺与微博事件伴随性发展的特征。

政治承诺包括国家面向和社会面向两类。中国在新时期提出"建设富强、民主、文明、和谐的社会主义现代化国家"就属于国家面向的政治承诺,而诸如社会价值承诺、社会尊严、社会参与、社会权利及其相应的权益承诺等则属于社会面向的政治承诺。前者是国家(及其政党)基于自身政治价值和政治能力主动确立的各类国家发展目标,因此属于内在政治承诺。后者往往是对社会政治的发展诉求的回应型承诺,属于外在政治承诺。在特定的条件下,两种类型可以相互转换,从而表现为政治承诺发展的融合和阶段性特征。但受制于传统政治传播途径选择的惯性,内在政治承诺通过微博途径的传播并不明显,导致微博政治承诺更多地表现为外在政治承诺的形式或实质。

在涂尔干这样的古典社会学家眼里,诚信、守诺等是由于社会分工发展,导致人们的相互依赖感增强而产生的道德情感,这种情感进而成为社会秩序生成的重要基础。但考察微博事件中的政治承诺,则不仅涉及道德情感,还与权力分享、政治合法性、控制策略等有关。

不过,受现实条件的制约,不可避免地会出现一些承诺不足或承诺落空的情况,以至于酿成承诺的危机。意识形态霸权理论专门揭示了反抗霸权的方式就是发现过去的政治承诺与当下现实的差距。对于微博事件

---

① 徐勇:《接点政治:农村群体性事件的县域分析》,《华中师范大学学报》(社会科学版)2009年第6期。

而言,承诺的落空会诱发各种政治情感问题,甚至一些既往未能实现的政治承诺还会直接成为民众抗争的社会历史遗产资源。进而,承诺的危机容易演变成政治发展的危机。

政府要实现政治承诺的有效性,需要处理好承诺的权威性、情感性和契合性问题。

(一)政治承诺的权威性

微博的发展不仅带来了传播主体的革命,也促进了行动政治与话语政治的融合,国家与社会的张力将使得管理者不断地调适预期,并革新旧有的观念,从而实现新的权威塑造。

(1)微博事件的利益性与政治承诺的权威等级性。一些思想史学者认为,"近代中国近百年的现代化历程在全面危机的压力之下启动,中国现代化道路救亡压倒启蒙"。[①] 从阶段性启蒙任务的角度来说,这样的判断并不合适。近代中国并非没有启蒙,而是以阶级意识和理想社会构建为启蒙内容,在现实的社会革命路径中具体地表现为剥夺剥夺者。新中国建立以来,经由党—国一体的意识形态训导,简化了实现社会理想的困境。而今日微博的启蒙空间则呈现出了与国家话语有所不同的社会话语,同时,它也不同于中国上个世纪 80 年代的浪漫化启蒙浪潮,而是拥有更强烈的现实主义色彩。因此,人们可以看到相当数量的微博事件表现出了明显的逐利特征。这就意味着一旦群体性事件发生,"民众对涉事方充满了激愤和怀疑,如果由其调查和发布信息将易导致群体性事件的进一步恶化,反而使谣言更盛行"。[②] 而包括微博事件在内的中国群体性事件表明,"谣言本身能够引起群众情感上的共鸣和内心的同情,即民众借此找到了发泄对政府和社会不满和怨恨的渠道,直言之,谣言只是一个十

---

① 李泽厚:《中国现代思想史论》,东方出版社 1987 年版,第 41 页。
② 潘庸鲁:《谣言在群体性事件中的生成和消解研究》,《学术探索》2013 年第 2 期。

分恰当的道具,它非常容易引发社会群体的愤慨或恐慌,起到聚众行动的作用,而最终形成具有社会行动能力的心理群体"。[1] 作为一种传播策略,谣言往往会以概化信念(generalized beliefs)的方式,表现为"人们对某个社会问题的归因的共同认识,它与事情本身的真相无甚关联,而是对既有的结构性怨恨和相对剥夺感的凝聚、提升和再造"。[2] 从政府治理角度出发,除了坚持无利害关系的第三方原则外,[3]要特别将权威的等级性特征纳入到解决微博事件的考量中,以避免微博谣言产生,或提高阻击谣言传播的预控力。

(2)微博话语政治与政治承诺的实在性。微博政治承诺不是封闭的循环承诺,而是面向公众的开放承诺。为此,它首先是以话语的形式体现的。但废话的政治承诺不仅无助于政治的德性,甚至会加剧政治权威性和合法性的下降。中国今天的改革往往被描绘为以多元共识为基础的过程。此共识虽然不同于西方之政党竞争下的多元,但仍然契合了中国社会利益分化以及阶层多元的事实。二者相同的是,通过多元为决策提供科学、平衡和修正的资源及动力。特别是,"多元共识并非对冲突的赞美,共识仍然是政治的关键问题"。[4] 另外,共识本身又分为不同层面:价值理念共识、制度性共识、利益决策共识。正是在这些共识的基础上,人们才可以真正地理解:不管利益调整是何其繁琐,但仍可乐观地期待,而不必过于担心微博事件真正失控。可见,社会希冀的改革共识是有充分的现实企望的,这才使得以民生建设来修复不断扩大的增益差距显得紧迫和必要。但"候选人在实时辩论赛中所展现出的辩论能力和取悦于观众的形象品质,和他作为一个团队领导者、政策推动者和决策者的能力,并

---

[1] 潘庸鲁:《谣言在群体性事件中的生成和消解研究》,《学术探索》2013 年第 2 期。
[2] 概化信念最早见 Smelser, N. J. 1962, *Theory of Collective Behavior*. 见应星:《"气场"与群体性事件的发生机制》,《社会学研究》2009 年第 6 期。
[3] 潘庸鲁:《谣言在群体性事件中的生成和消解研究》,《学术探索》2013 年第 2 期。
[4] 苏颖:《中国互联网公共讨论中的多元共识:基于政治文明发展进程里的讨论》,《国际新闻界》2012 年第 10 期。

无多大关系"①这一传播现实法则至少表明,话语和实践本身之间并非是唯一的对应关系。作为承诺的话语,虽然比一般性的话语更具有约束性,但话语政治的虚假性不同程度地适用于此。特别是特定的政治承诺通过微博快速回应时,这一问题更为明显。例如 2013 年 5 月 22 日,河南省项城市市委宣传部新闻科吴科长关于"河南项城市田局长受邀郑州夜店"事件作出的"项城市的田姓局长、副局长有六七个,但我们了解到的情况是,这些局长 21 日都没有到郑州出差"的承诺;还有 2012 年 12 月 6 日,在国家能源局局长刘铁男涉嫌伪造学历、与商人结成官商同盟等问题事件中,其新闻办公室有关负责人关于"上述消息纯属污蔑造谣"的承诺等。此类承诺显然是以答为答,以敷衍为诺。于是,承诺变成辩护。它蕴含的更深刻的问题在于:承诺的话语可能沦为简单的政治操控术。

(3) 微博事件的应激性与政治承诺的制度性权威基础。尽管微博事件在中国的发生具有明显的因事而起的应激性特质,但必须要注意到的一个事实是:在微博事件中,人们经常采用依法抗争(policy – based resistance)的手段,即积极运用国家法律和中央政策维护其政治权利和经济利益不受地方政府和地方官员的侵害。② 此类微博事件抗争的制度性特征表明了政策、法律对社会抗争具有的重要资源意义,但它也增强了对政策、法律的制度权威构建的迫切性。目前基层纠纷有"小事闹大"的倾向,这未必都是民众试图解决问题而采用的一种策略,但至少部分是因为不信任产生的额外社会成本。这种不信任集中地表现为民众主观地认为基层政府和各职能部门是官官相护。就此而言,对于新中国成立以来政府与职能部门之间的关系,我们也需要重新从制度层面和现实实践层面作出新的思考和变革。

---

① 周飙:《电视辩论降低了政治承诺的效力》,《21 世纪经济报道》2012 年 10 月 22 日。
② 李连江、欧博文:《当代中国农民的依法抗争》,载于吴国光主编:《九七效应:香港特区、中国与太平洋》,第 141 页,1997 年香港太平洋世纪研究所。

(二)政治承诺的情感性

微博事件往往并非只是单纯的利益纠葛,情感的卷入总是涉入其中。一般认为,"物质性冲突涉及实际利益,斗争目标有限而且易于实现,这样的冲突易于妥协解决,因而情感卷入的程度相对就低;非物质性冲突指的是由对立阶层在价值观、意识形态方面的根本对立所引起的冲突,这种冲突不仅对抗激烈,而且持续时间长,解决问题目标的实现程度低,因而情感唤起与卷入程度很高"。① 正是微博所激发的情感性,使得微博事件不只是直接利益当事人的事件,也成为了非相关利益人群的事件。

微博事件中的情感有不同的表现。一是道德情感。就微博事件的发生而言,其总有一个情感触发点,以拨动心弦的方式导致情感压力释放。具体来说,它以具有道德震撼力的事件为生发契机。这类事件通常被概括为三类:一是弱者的非正常死亡事件,二是弱者受到身份敏感群体(通常是权力、财富的拥有者)的欺凌、侮辱,三是触及当地社会的敏感问题的事件。② 非正常死亡事件容易激发人们的想象空间,身份敏感群体容易促发道德正义感,触及当地社会的敏感问题容易引起情感共鸣。此时,政治承诺需照顾到微博事件参与者的气和气场。"气是中国人追求承认和尊严、抗拒蔑视和羞辱的情感驱动,赢得承认和尊严的一种人格价值展现方式。气场指的是由未组织化的群众为了发泄不满,相互激荡而形成的一种特定的情感氛围"。③

二是怨恨情感。这与特定的社会体验和社会记忆有关。当下中国既经历了革命时期提倡的道德纯洁性,也融汇了现代民主政治文明之权利观的理想,二者共同催生了理想性的情感特质。但其与现实的落差又容易激发出怨恨情感,并表现出动力性、分割、黏合等诸种政治效果。

---

① 科塞的观点,见郭景萍:《西方情感社会学理论的发展脉络》,《社会》2007年第5期。
② 朱力、曹振飞:《结构箱中的情绪共振》,《社会科学研究》2011年第4期。
③ 应星:《"气场"与群体性事件的发生机制》,《社会学研究》2009年第6期。

三是依赖情感。微博事件索要国家（政党、政府）的政治承诺是在一个悖论的语境下发生的。一方面人们的内心遵从工具理性的判断，享受着个人主义带来的快乐；但另一方面，"巨大的监护权力机构使人们对国家产生依赖性。"①可以说，相当长一段时间来的威权国家模式，通过制度化、组织化和利益化的方式建立起了社会服从与被照顾的互惠性认同关系，并强化了社会对它的依赖性。但市场化的改革带来了体制外的中国社会生存形态，在政府基础性的权力和治理弱化的情况下，导致了选择性自由主义的困境，即以例外的方式排斥风险或分割收益。一个不可忽视的较大群体游离于传统组织管制和惠顾之外，却又因民主制度化不足，人们往往会为规避风险而对权力趋之若鹜。于是，不少人一方面发泄"受辱"之气大骂官僚，一方面却不断地向官僚献媚。也即是"吃着奶还骂娘"的国家与社会关系。虽然这也是一种依赖，但与具有高度认同感的"我们"的共同体情感性依赖明显不同。因此，从依赖到信赖是解决这一问题的重要情感路径。但这个过程是一个长期的建设过程。特别是，在长不大、未长大的我国公众社会生命历程中，积极公民教育才会被刻意地纳入到制度内的国家级研究议程中。但国家与社会双向的积极成长至关重要，否则对抗性的冲突事件会加剧，甚至事件的处理方式容易演化成或过于强制或过于讨好的非常规性处理路径。最直接的后果是，非常规变成常规，从而不断增加社会的治理成本。

因此，与微博事件有关的政治承诺，不再仅仅是就事论事，而是必须提供一套完整的情感方案，解决微博事件既是对问题的解决，也是对特定人群情感创伤的抚慰。来自基层政府的群体性事件管理经验表明，此时要做的第一件事就是安抚他们的情绪。部分成功的做法是："一些政府工作人员会把自己的私人手机号向所有工人公开。其认为，这样会让事件当事人有安全感，有一个找人诉说的地方。他们什么时候都能找到人。

---

① 泰勒的观点，见郭景萍：《西方情感社会学理论的发展脉络》，《社会》2007年第5期。

一方面,可以避免找不到人的时候去上访。另一方面,也能很好地掌握他们的动态。"①因此,学会让公众有尊严地撒气,合理地肯定其人格价值是疏导的必须策略。

当然,尽管我们强调在政治承诺中要考虑到情感的因素,但从根本上讲应逐渐导向一种理性的抉择过程。事实上,"当前网络群体性事件正从单纯的就事论事向复合的就事论理发展。"②至于微博事件(行动)论什么理,如何论理,是积极地论理还是消极地论理,还需要加以合理评估。

(三)政治承诺的契合性

微博政治承诺的契合性着力解决的目标是微博事件中政治承诺的错位问题。

综合相关的研究,③错位的具体表现有四种。一是政府回应的时间错位。目前我国的网络群体性事件从首次发布到舆论爆发的平均时长在2-5小时之间,而政府对事件的首次回应一般在事件发布后的10.16小时。同时,一些研究还发现:微博登录的两个高峰期分别为午间(12时—14时)和晚间(20时—22时)。④ 这意味着任何政治承诺涉及事项的最新进展不能错过这一时间点,才能实现更大范围的传播。同时,一定程度上做到时间段与相应需求的契合有利于更好地实现有效传播。来自微博传播一线的北京新闻发言人王惠的体会是:"早晨8点到9点,网民想看资讯信息、新鲜事儿,我们就赶紧把北京最新消息告诉大家。比如四条新地铁要开通了、部分医院挂号简化了、污染指数下降了、最近可能要降温了。中午12点到2点,网民想放松一下,需要一些轻松温暖的、被人关

---

① 张永宏、李静君:《制造同意:基层政府怎样吸纳民众的抗争》,《开放时代》2012年第7期。
② 翁铁慧:《网络群体性事件与政府执政能力提升》,《中共中央党校学报》2013年第1期。
③ 除特别指明外,此部分的统计调查数据均来自翁铁慧:《网络群体性事件与政府执政能力提升》,《中共中央党校学报》2013年第1期。
④ 中国人民大学舆论研究所:《2013媒体微博运营年度报告》,《传媒》2012年第12期。

怀、'宠一宠'的信息,我们就发些中药怎么吃、衣服怎么穿的信息。晚上8点多钟打开微博,'愤青'来了。评论天下大事,人人都像批阅奏章一般,各种评论、转发,各种诉求、质疑和攻击。这时我们的评论、感言也要发出去,说真话、实话,说有道理的话,以正视听。"①二是事与愿的错位。即政府相关部门做出的第一反应本身成为了激化矛盾的拐点,80%的发生恶性变化的网络群体性事件,都与初次应对中的措辞失当密切相关。三是政府回应渠道的错位。表现为政府的选择与广大网民的接受意趣存在偏差。在不少的群体性事件中,网民使用新媒体发布消息、彼此联络、制造舆论,而政府仍然高度依靠传统媒体(57.6%)、新闻网站(22.2%)以及记者招待会(15.2%)这三种回应平台,使用网络新媒体进行互动处置的仅有5.1%。近期发生的事件更是佐证了这一点。2013年4月6日,贵州省赫章县可乐乡13岁女孩饶某倒水淋到乡政府的车上,该乡乡党委书记袁泽宏便带领派出所工作人员将女孩用手铐铐住,被认为是"上街游行20余分钟"。5月27日,@凯迪猫眼看人发布主题为"因倒水淋湿书记专车,13岁幼女戴手铐游街示众"的长微博。5月27日晚,赫章县公安局通过自己的@赫章县公安局通报称,"目前,赫章县公安局纪委、督察已介入调查。"而此时,@财经网(580万粉丝)、@南方都市报(粉丝437万)转发@凯迪猫眼看人的"女孩被游街"微博,转发、评论共计3.4万次。尽管5月28日贵州省赫章县发布消息称,对用手铐铐走13岁女孩饶瑶的可乐乡党委书记袁泽宏及派出所干警陈松做出停职接受调查的处理,但@凯迪猫眼看人这则长微博截止到5月30日6时,已被转发17万,评论近3万条。② 四是认识的错位。"一些政府官员在面对群体性事件时,往往会把重点放在避免扩大负面影响,确保组织形象不受破坏之上。在捂盖子的心态下,经常会动用国家机器以应急管理模式使事态强

---

① 张哲:《微博是政府的机遇》,《南方周末》2012年12月6日。
② 朱明刚:《13岁女孩被铐"游街"事件舆情分析》,人民网,2013年5月31日,http://yuqing.people.com.cn/n/2013/0531/c210118 - 21693503.html。

行平息。"①抑或以维稳的需求剥夺微博事件人的诉求的正当性。这是一种粗暴的、息事宁人的做法,不仅容易导致事件反弹,甚至会导致官民之间积怨深重。对后者(包括民众)而言,也无法从中获得解决问题的正能量。

第二节 传媒微博的管理

传媒机构及其工作者要强化微博舆论引导意识,明晰微博传播场域的基本性质,具有更广意义的舆论引导的自觉性,把握有效的微博舆论引导介入点。同时,传媒机构与传媒工作者还应当妥善处理传媒工作者与传媒机构、传媒工作者的微博传播属性与社会人群的微博传播属性、传媒主体与其他舆论引导主体、微博传播与社会政治语境、微博传播问题与社会现实问题等方面的关系。

一、传媒在网络舆情中的地位

"一切为了群众,一切依靠群众,从群众中来,到群众中去"的群众路线形成于革命战争时期,它也是党的事业取得胜利的重要法宝。群众路线内涵至少揭示了我党与群众之间的关系问题:谁是主体、相信谁,为了谁,如何为了谁的问题。有研究者将群众路线与群众工作同协商民主相并列为中国的两大民主资源。②但在官僚主义和官本位以及缺乏有效群众工作机制的情况下,群众路线或被虚置,或被选择性地执行,甚至被仪

---

① 曾维希、孔波、李媛:《网络群体性事件内在逻辑的 ERI 模型分析》,《重庆大学学报》(社会科学版)2013 年第 1 期。
② 林尚立:《现代国家认同建构的中国议程》,《中国社会科学报》2013 年 7 月 26 日。

式化地实施等现象并不少见。今天遭遇的诸多治理困境也无不与长期背离群众路线有关。

"总体上,自近代以来,中国政治文化经历了一个体系文化逐渐式微的过程,过程文化也始终未能得以确立,而政策文化则在当代中国得到了较为成功的构建。"①但合理政策的生成却离不开民意的有效表达。特别是,"在虚拟公共空间信息被控制度较低但自由化高,社会公众能够也愿意针对不同的公共政策问题,使用各种即时人际交流工具,如网络论坛、BBS、公共空间、微博等,在相对宽松自由的信息发布格局中生成和聚合政策愿望和诉求"。② 这一过程十分重要,政策是联系公众与国家利益的中介,并由此成为体验国家共同体的主要途径。可以说,"许多国家在治理中出现的认同危机,往往不是制度引发的,而是政策引发的。但是,政策引发认同危机到了一定程度,就变成制度问题,国家认同就会面临巨大的挑战"。③

特定政策的社会压力的生成来自于舆情表现和舆论格局的改变。2008年6月20日,胡锦涛总书记到人民日报社考察工作,指出互联网成为了"思想文化信息的集散地和社会舆论的放大器",已经形成了"舆情引导新格局"。

目前的研究共识认为,舆情是公众对社会生活中各方面问题尤其是热点问题的情绪反应。舆情可能是公开的言论,也可能是不公开的,而舆论总是表达出来的;一定的舆论总是与一定的舆情相对应,且是舆情在先舆论在后,但舆情并不必然表现为舆论。④ 而传媒在网络舆情生成和舆论传播中具有重要的地位。

一些研究者将网络事件舆情的要素归纳为刺激性公共事件、网民共

---

① 王丽萍:《政治发展进程中的中国政治文化构建》,《北京大学学报》2009年第1期。
② 张宇:《公共政策制定视域中民意有效聚合探究》,《贵州社会科学》2013年第9期。
③ 林尚立:《现代国家认同建构的中国议程》,《中国社会科学报》2013年7月26日。
④ 王来华:《论网络舆情与舆论的转换及其影响》,《天津社会科学》2008年第4期。

同经验(共鸣)、活跃的关键人物、大众传播媒介及相对隔离的网络空间。并认为刺激性公共事件具有三个显著特征:触发多数价值观、事件出乎意料、内容方便标签化。①

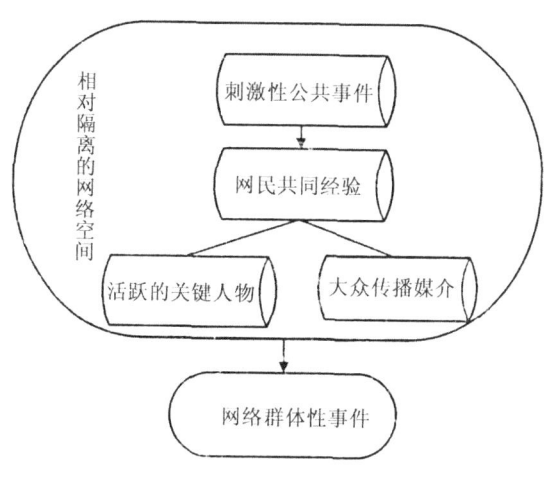

图片来源:陈强(2010)

一些研究者将容易引起舆情的事件类型归结为灾害事故类、公共卫生类(食品安全、医疗卫生、环境污染等)和三公部门类(涉及社会公平、公正、正义问题),同时将影响微博舆论走势的要素分解为微博用户、舆论领袖、传统媒体、其他类型新媒体与政府的应对。②

由于舆情研究涉及具体社会问题、舆情表达的具体内容、反映出民众的何种情绪、态度和意见,舆情表达的人群结构、地区分布,舆情的产生和变化趋势等,③所以这是一个具有专业性和协同性的管理参与过程。

实际上,从2003年开始,新华网开始编辑电子版的《网络舆情》,报送给相关部门。2008年6月,人民网舆情监测室成立,并编辑发行了第一本有国家正式刊号的网络内参《网络舆情》。2008年7月,应最高人民检

---

① 陈强、徐晓林:《网络群体性事件演化要素研究》,《情报杂志》2010年第11期。
② 谢耘耕、荣婷:《微博舆论生成演变机制和舆论引导策略》,《现代传播》2011年第5期。
③ 刘毅:《网络言论传播与民众舆情表达》,《电影评介》2006年第14期。

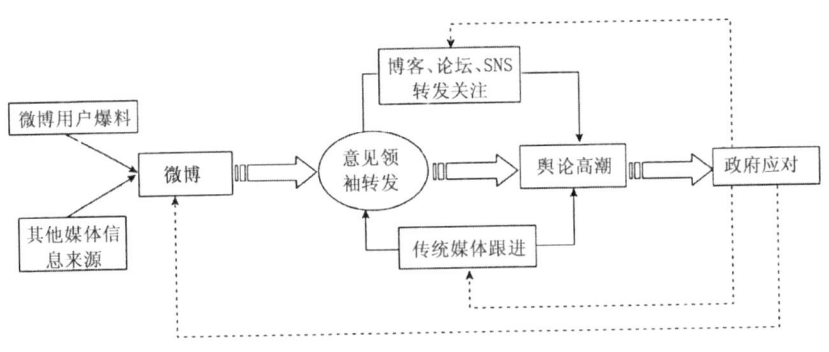

图片来源:谢耘耕、荣婷(2011)

察院要求,检察日报社主办的正义网同样开始监测网络舆情,并出版了《涉检网络舆情》以及《政法网络舆情》。

　　针对舆论引爆的热点事件,如广东佛山"小悦悦"事件,《中国青年报》、《新京报》、《广州日报》、《扬子晚报》等多家媒体纷纷发表评论文章,从道德反思、制度拷问、心理剖析等多个方面展开讨论,随后人民网观点频道连续进行了刊载,从而扩大了评论的影响力。难能可贵的是,在大多数文章都指责公众冷漠的同时,也有文章运用心理学理论解释旁观者未必都是冷血的。① 这一做法不是任由某一观点(或倾向)肆虐,而是促进多维度思考产生。如果舆论介入时机把握好的话,往往可以成为先期的议程设置者,能够在舆论管理中发挥先发制人的作用。

　　当然,传媒在网络舆情中的地位必须置于协商民主的基本框架下,不应是简单地引导其符合管理(甚至是管制)的需要。有时,"网络上不时出现强烈、单一甚至不理性的舆论现象,实际上并非公众失去理性,而是对公正和自保深感无力的反应"。② 此时传媒除了引导舆论有序化外,还需推动舆论救济功能的实现,这才符合今天我国倡导的以人为本的国家治理理念。

---

① 涂光晋等:《从党的耳目喉舌到公众话语平台》,《现代传播》2012 年第 1 期。
② 喻国明:《传媒新视界:中国传媒发展前沿探索》,新华出版社 2011 年版,第 123 页。

二、传媒微博管理的一般思路

无论是传媒机构还是传媒工作者,都面临新媒体舆论格局对传统时代舆论的主体地位的冲击。特别是,在传媒机构经营目标的生存压力下,传媒如何能够继续经受住道德考验、法律考验和事实考验,以确保其传播地位呢?就此而言,传媒需要通过塑造其在微博传播时代的公信力,从而为其舆论引导行动奠定权威性基础。联系到传媒应用微博的具体现状,还需要在多个方面做出努力。

对于传媒而言,首先需要明晰传媒微博的场域的基本性质,即传媒微博主要是作为公共的场域,而非私人的场域。课题组关于广电工作者的微博使用目的的调查显示:"记录人生感悟"占比排列第四,达到13.4%,与"抒发不愉快的心情"(占比6.1%)累加,总占比达到19.5%,这表明微博的私人性特征在广电媒体工作者群体中同样有一定的表现。关于微博对各自的意义评价,[①]以"记录人生感悟"来说,给予3分评价的达到41.2%,给予4分评价的达到8.8%,给予5分评价的达到16.2%。换言之,占比66.2%的评价为中度以上的肯定评价。同样,在"关注喜欢人的动态"的意义评价中,给予3分评价的达到32.5%,给予4分评价的达到20%,给予5分评价的达到20%。换言之,对于微博的私人性意义,72.5%的占比为中度以上的肯定评价。而在进一步的关于"进行话题讨论"的意义评价问题中,选择1分的占比为17.5%,2分的占比为26.2%,3分的占比为38.8%,累积占比82.5%的广电工作者"进行话题讨论"的意义评价为中度以下。这意味着微博对于广电工作者群体而言,其具有的私人性特征是无法回避的。考虑到在中国社会中,现实社会舆论场域和虚拟社会舆论场域的并存,并不断由前者向后者转化的现实,对传媒工作者而言,无论如何需要强化的是微博的公共场域特征,而不是私人场域

---

① 按照1-5分进行评价,其中5分为意义最大。

特征。对他们而言,至少也应该让公共领域的精神价值引领私人领域的精神价值,而不是相反。从舆论引导力建设来说,那些知名的主持人或知名记者更应当如此。

其次,无论是传媒机构还是传媒工作者都应当增强更广意义上的舆论引导的自觉性。目前传媒机构及其工作者有将微博服务于本节目的单一化功能倾向。课题组将广电工作者所属广电节目"版块类型"与相应容易产生舆论事件的议题("公共卫生类"、"社会民生类"、"涉法涉警类"、"腐败类"议题)关注进行分析发现,以"公共卫生类"来说,新闻类版块只有48%选择关注,52%选择不关注,而服务类和娱乐类版块对此关注普遍很低。对于"社会民生类",新闻类版块有83%选择关注;服务类版块有71%选择关注,娱乐类版块有73%选择关注,教育类版块有100%选择关注。对于"涉法涉警类",新闻类版块只有33%选择关注,其他版块关注普遍很低;对于"腐败类",新闻类版块也只有35%选择关注,其他版块关注普遍很低。这种关注极不平衡,画地为牢的痕迹较严重。在本次一项关于"是否希望成为舆论引导者及其强烈度如何"的调查中还发现了新的问题。关于"是否在意微博粉丝数量"的问项调查中,"在意的"(包括十分在意和比较在意的)总计为6.3%,"一般的"为26.2%;"不在意的"(包括比较不在意和完全不在意的)高达60%。如果说这一调查过于隐蔽的话,课题组还进行了"你会为了成为舆论领袖特别努力吗"的问项调查。调查显示,只有10%的人选择了肯定性答案(包括"一定会"和"比较会"),选择"一般的"占到23.8%,选择"不会的"(包括"比较不会"和"完全不会"的)占到57.5%。通过本部分的调查,课题组发现:在一个从事信息传播和舆论引导职业的人群中,不少人竟没有舆论引导的欲望,这无疑是传媒工作者在当代社会管理中的一个悖论。不仅是传媒工作者,传媒机构微博也存在类似的问题。通过对河北电台"阳光热线"微博的观察发现,其微博的发布和互动的主要目的也是为了配合节目、服务于节目,互动性并不高。不少的微博还只是单纯地发布节目信息,对于节目以外的民意的反映和问题缺乏讨论和引导。整体上,河北电台"阳光热线"微博的人气值和影响力较弱,这与"阳光热线"节目本身的人气值和影响力并不匹配。因此,对"阳光热线"微博而言,并没有像"阳光热线"广播那样,在官方话语空间和非官方话语空间中找到平衡,在民众和政府之间搭起真正沟通的桥梁。

此外,传媒机构以及传媒工作者要有有效的介入点意识,这涉及社会舆论管理时间性意识和把握舆论引爆点规律的问题。课题组关于广电工作者最关注的微博事件要素的调查,具体涉及社会突出矛盾的对应水平、强(烈)度如何、涉事方关系及身份(与负面态度如何并列)、谁的诉求、传播速度如何等方面。其中,选择"与社会突出矛盾的对应水平"的占比高达33.5%。但选择其他诸项的占比并不乐观:"强(烈)度如何"为15.6%,"涉事方关系及身份"为14%,"负面态度如何"为14%,"谁的诉求"为12.8%,"传播速度如何"更是低到8.9%。须知,中国社会的发展已经走过了高速发展阶段,矛盾也从发展的矛盾转变为以分配公平和发展机会并存的矛盾状态,并在具体的城乡矛盾、阶层矛盾、官民矛盾、革新与维持矛盾中实时地体现。微博事件的发生凸显的无非是诸类矛盾在具体主体、具体领域或方面中的体现。调查中列举的任一因素都可能成为舆论引爆的火苗,导致事情变成事件,个体事件变成群体事件,局部事件变成整体性社会事件。有效地界定这些因素,进而合理地对舆论发展预判,选择合适的介入时机是我们要加以认真考虑的。相关研究显示,舆论引导存在黄金4小时的权威发布机制:第一个4小时(4次)发布网络突发事件的进展情况;第二个4小时(2次)发布网络突发事件的应对情况;第三个4小时(1次)和第四个4小时(1次)分别发布网络突发事件的处理情况和善后情况;最后8小时(1次)对本次网络突发事件的发生、发展、高潮到消解进行全方位的总结性发布。[①] 本次调查发现,35%的广电

---

① 刘怡君:《创新社会管理中的网络舆论引导研究》,《中国科学院院刊》2012年第1期。

工作者做到了 1 小时 1 次,多数并不能做到更快、更及时和更长时地关注。这可能导致错过舆论引导的最佳时机,也可能导致与涉事处理方(包括政府)形成关注的错位,难免出现该冷却不冷,该热却热不起来的舆论局面。

当然,舆论引导力建设是一项系统工程,它还涉及舆论引导意识与引导能力、引导观念与引导行动、引导可能性与现实条件的平衡发展。对于传媒参与社会管理而言,还应当妥善处理好传媒工作者与传媒机构、传媒工作者的微博传播属性与社会人群的微博传播属性、传媒主体与其他舆论引导主体、微博传播与社会政治语境、微博传播问题与社会现实问题等方面的关系,避免传媒工作者主观地与其传媒机构割裂,过分强调自身微博传播的私人属性,忽视微博传播的动员力可能造成的社会治理困境。这些对于提高传媒微博舆论引导力,积极推进社会管理来说同样至关重要。

第三节 公共人士微博的管理

一旦掌握必要的传播技巧,公共人士在微博传播中往往容易成为舆论领袖,并对社会管理产生重要影响。公共人士凭借其权威性,通过微博有效传播积极观念和积极情感、塑造社会积极心态,合理介入非常规事件,与社会管理其他主体有效互动,可以更好地发挥协商、合作和引领作用。国家对公共人士适度地吸纳也十分必要。

一、公共人士与微博舆论领袖

舆论领袖(opinion leader)一词出自拉扎斯菲尔德《人民的选择》一书,其通俗的含义就是两级传播中媒介与受众的中介者。

对于舆论领袖的构成,研究者们一般认为主要包括学者、企业家、媒体人、自由撰稿人、文体明星和维权律师。不同的是,学者和自由撰稿人的思想性和批判性较强;企业家活跃程度较高,话题通常不涉及政治等敏感领域;媒体人对公共议题有强烈的关注和持续性参与的意愿;文体明星粉丝数量巨大,对公共议题介入相对较低;维权律师参与维权等公众诉求倾向明显。[①] 但又必须指出的是,学者、企业家、媒体人、自由撰稿人、文体明星和维权律师未必就一定能成为舆论领袖。因此,对于舆论领袖的构成的分析,不如说是对其社会身份特征的把握。

公共人士往往有着较强的社会洞察力,能够以敏锐的思维和缜密的逻辑,对各类社会现象发表独到见解。公共人士与媒介结合,往往成为传播中的舆论领袖(或称为意见领袖)。随着媒体技术的发展,这些公共人士作为舆论领袖,通过社交媒体——微博——进行传播,其引导和影响舆论的能力越发受到人们关注。

在网络群体性事件中,舆论领袖通常能够发挥四个特殊功能:认证信息的真实性、过滤信息、提供"正确"的解读方向、行动的"组织"者。[②] 国内有研究者利用社会网络分析软件UCINET对"宜黄拆迁"事件在微博传播中的舆论领袖进行分析发现,微博舆论领袖之间的转发促成了信息流动,建构了一个庞大的网络。特定议题只有嵌入舆论领袖的社区网络中,即受到网络舆论领袖群体的关注,才能在他们的推动下,利用线上线下的媒体资源,而成为媒介热议题,并最终上升为政策议题。[③]

对社会管理来说,舆论领袖利用连接点的传播位置,在政治与社会沟通中发挥重要的政策智库和舆论引导的功能。即"更多表现为影响公共政策(包括生产政策思想、提供政策方案、教育公众)和舆论的形成,以及

[①] 戴丽娜:《微博舆论领袖的识别方法与管理策略》,《新闻记者》2012年第9期。
[②] 翁铁慧:《网络群体性事件与政府执政能力提升》,《中共中央党校学报》2013年第1期。
[③] 曾繁旭:《网络意见领袖社区的构成、联动及其政策影响》,《开放时代》2012年第4期。

危机事件中的政治调解功能"。①

舆论领袖的影响力在于其技术能力、社交技巧以及对现存社会体系的价值与规范的遵循。② 技术能力(或者用专业能力更合适)包括媒介技术掌握和应用的程度,以及专业思想理念的程度。社交技巧包括与人交往的传播表达能力和社会网络构建能力。对社会价值与规范的遵循包含对其的一般性遵从以及随时代发展而具有的反思和重新阐释的能力。这是舆论领袖共同性的一面,但不同领域对舆论领袖又提出了特殊的要求,尽管不乏综合性的舆论领袖,但更常见的是专门(业)性的舆论领袖。这种区分与将舆论领袖分为精英舆论领袖和草根舆论领袖存在差异,后者是对传统的精英与大众划分的延续,却模糊了传统精英与大众概念划分所具有的内在的冲突性。综合性舆论领袖与专门(业)性舆论领袖的划分有利于进行社会评估和管理,具有实践的科学性,甚至在公共政策的专业化传播领域具有其独特的价值。另外,从舆论引导的不同层面还可以将舆论领袖分为信息型、争议型和权威型。信息型在于利用特有的信息资源位置通过微博传播获得信息首发者地位,这种类型接近于爆料者,往往成为有关特定事件舆论传播的关键人物。争议型以挑战常识、定论和一般价值为特征,从而开辟传播的新方向,或者与之前的传播形成抗衡的传播态势。权威型表现为利用综合的传播优势获得接受者的高度认同,这类舆论领袖往往经历了较长时间的传播积累,或者是具备较高的专业素养,并具有充分的传播论证力,使得受众可以情感上不接受,但道理上不得不接受。总之,从社会管理的角度来说,采取合理的甚至是综合的交叉分类方式,在实践中更容易产生比较好的效果,因为这种分类本身给我们提供的就是一个多维图景。

---

① 邹利斌、崔远航:《从智库、意见领袖看政府与公众间距离的协调机制》,《国际新闻界》2012年第12期。
② 胡泳:《我们需要什么样的网络意见领袖》,《新闻记者》2012年第9期。

对于舆论领袖的识别,传统的有知情人问卷法、自我报告法和观察法,近期的研究引入了社会网络分析技术,使得观察法更具客观性。据此,一些研究者提出了认同度、权威度、活跃度和中心度测量指标。[①] 但考虑到权威是影响认同度和中心度的中介因素,容易造成测量指标间区隔性并不明显,认同度只是传播影响力的内在影响方面,更合适的指标应当是中心度、影响度和活跃度。中心度衡量的是所处舆论网络中的结构性位置,是与"两级传播中媒介与受众的中介者"最为匹配的指标。根据相关研究,关于舆论领袖的划分,有两种类型:一是议题引导型,二是议题传播型。前者表现为在微博传播网络中信息被大量转发,在社会网络分析中体现为点入度(indegree)高;后者表现为在微博传播网络中大量转发信息,在社会网络分析中体现为点出度(outdegree)高。[②] 这样,影响度包括传播内在影响力(认同度)和外在影响力(粉丝量、权威性——认证和职业身份、媒介素养),认同度根据支持性微博传播行为如转发、肯定评论得以体现。活跃度是一个行动指标,通过微博传播频率、原创行为、转发行为、评论行为和重要事件参与状况得以体现。

二、公共人士微博管理的思路

公共人士的真正影响力在于其权威性领域。在人们以往的认知中,微博上的舆论领袖似乎是一呼百应,一发百转。但在课题组对袁岳微博的调查中发现,虽然其微博被转发的平均数为72.32,被评论的平均数为20.15,但并非所有微博都会被大量转发或评论。那些会被大量转发或评论的微博多数为原创长微博,所涉及的内容多为对青年的一些忠告,对人生的一些感悟哲思。袁岳曾在2004年当选影响中国的五十名公共知识

[①] 戴丽娜:《微博舆论领袖的识别方法与管理策略》,《新闻记者》2012年第9期。
[②] 此处参考了曾繁旭:《网络意见领袖社区的构成、联动及其政策影响》,《开放时代》2012年第4期。

分子之一,近年来他所从事的有关文化方面的演讲、访谈数不胜数。而这类相关的微博发到网上之所以造成强大的舆论影响力,和袁岳自身在该领域的知名度是分不开的。与之相对的是转发量较少的微博,包括一些网络幽默段子、原创抒情诗歌、美食菜谱等。这类微博内容很普通,袁岳会发,其他人也会发,并不能凸显其独特性。总之,舆论领袖最大的舆论影响力还是体现在他自己擅长并熟悉的某个或某几个领域,而非在各个方面都能够被网络所认同和接受。当然,在自己权威的领域内,如果公共人士能够做到传播理性,关注重要的社会人群及重要的议题,就能在社会管理中发挥更大的引领作用。

公共人士"刻意"地传播积极情感有利于其自身人格特征的塑造,也有利于社会积极心态的塑造。袁岳标志性的光头和爽朗的笑容是他开朗乐观的性格的外在表现,其微博传播中表现出积极正面情绪的占到48%,即将近一半。表现出负面否定情绪倾向的只占到总体的25%,而负面情绪中最激烈的愤慨抨击的情绪仅占18%。在200个微博样本中,有32个是被袁岳后期删掉的,根据一些后期评论推测,被删微博多数内容激进,言论偏颇。

非常规传播事件,公共人士不能简单地无视之。针对袁岳对2012年12月22日至2012年12月24日"玛雅世界末日"谣言的"忽略"存在争议。但作为社会管理效果的需要,公共人士通过其影响力适度地辟谣和释谣,从传播通道上来说,更具影响力。

在强化公共人士公共传播品性的同时,需要明白他们也是社会管理的受邀者。课题组在研究中发现,袁岳微博中的抒情诗歌、原创长微博等往往投入本人真情实感较多。同时研究发现,情感投入较多的微博,留言评论的人比较少,且多数是袁岳现实中所认识或有接触的朋友。而情感投入较少的一类微博如零点指标数据,留言回复数量总体高于前者,且以陌生人为主。因此,可以明确的是,公共人士毕竟不是制度内的社会管理主体,因此其工作和私人生活在微博中仍然占据主要地位。国家适度吸纳公共人士参与社会管理,与其他社会管理主体有效互动,可以更好地发挥协商、合作与引导作用。

第四节 公众微博的管理

公众批判的合理性是培育网络公共性的前置性问题,同时也是一个话语权之后必须思考的问题。作为一种重要的话语实践,公众批判的合理性有利于促成社会普遍理性的形成。但它必须解决批判目标和批判过程的有效性问题,同时也有赖于培养公众的批判气质。微博监视既是一种来自社会的管制实践,也是一项社会性管制技术,甚至还是一项社会权力。微博监视有其自身的行动逻辑,在当代中国社会具有其阶段性的社会政治价值,但微博监视的良性发展需要我们切实地解决一系列的具体问题。

一、公众批判的合理性[①]

公众借助微博传播等平台不断以话语实践的方式参与到社会管理中来,对于不同的议题,其理性化程度也存在差异。但一个越发凸显的问题是:如何对来自公众的批判进行合理的反思?这成为培育包括微博在内的网络公共性的前置性问题,同时,它也是一个话语权之后必须思考的问题。

(一)公众批判的话语实践意义

即便在专业化的现代社会,深入的思考不应当只是少数人的事情,否

---

① 还可参见谢进川:《网络时代公众批判的合理性分析》,《东南传播》2013 年第 12 期。

则很容易陷入两个陷阱:一是知识专业主义,甚至是知识权力的专制。法国学者米歇尔·福柯早就说过,知识、话语和权力是社会控制的武器和手段。试想,总是所谓的专家说了算,专家便获得了判断的权力,这样的情形极端化之后就是过度行使知识权力,它跟一般权力的绝对化所造成的危害后果会具有某种惊人的一致性。二是知识圈内化,表现为知识变成了内部的微循环。圈内的学术话语成为内部语言,蹩脚一点的甚至会把一些原本大家一听就明白的话语置换成"洋语言",改变的无非是研究议题的扮相,而不是作为常识的知识性本身,最终造成的是一种堂·吉诃德式的自喜、自足和自乐。

来自一般公众的批判意义在于,人们通过批判会让一些所谓的权威不至于那么自以为是。再者,公众自我的经验感知可以在一定程度上直接回应权威,一些批判还直接构成了对所谓"专业性知识"的质疑。有关风险的研究显示,直到20世纪80年代,公众才真正实现参与和最广泛的社会动员。[1] 而对社会风险治理来说,恰恰是公众参与风险治理的缺乏,直接加剧了它与公众所承担风险之间的内在张力。在具体的社会风险讨论中,当公共决策的权力不断转向那些最为了解与特定风险相关的技术问题的人的时候,人们同样对专家精英取代民主的可能表示了担忧。[2] 这种状况其实和现代社会的知识性特征以及对专家的过度崇拜有关,由此可能形成一种后果:对专业化、专门化、专家化的肆意言行不加批判地予以认同。实际上,专家也是"有知识的无知者"。伴随科学的专业化(本质上说是科技人员的专业化),专家只熟悉某一门具体的学科,甚至就是对这门学科,他也仅仅知晓其中的部分而已。如果专业权威对社会本身缺乏整体性考量的话,并不能保证良好的社会治理局面的形成,甚至

---

[1] 薛晓源:《全球化与风险社会》,社会科学文献出版社2005年版,第5页。
[2] 同上,第256—258页。

还可能导致"专业化的野蛮主义"。① 如果再考虑到专家们也是一个利益群体,他们之间在现代社会的联系越来越紧密的事实,有必要警惕该群体因为利益的需要而互投赞成票的可能。诸如"评价一个城市主要看房价,房价越高城市越好越吸引人,房价越低城市越不吸引人,越丢人"的观点,它不过是唯 GDP 指标信奉论的变种,完全忽略了包括城市在内的社会发展的多重性维度,自然也就无暇(甚至是不愿意)关注这一唯一指标可能带来的诸种社会风险问题。而公众参与讨论(甚至包括表达关于某一风险的直觉意识)以及形成的批判力,将有助于质疑专家的一些观点,从中帮助人们更好地发现问题,以促成社会普遍理性真正地形成。

在当今时代,新媒体也使得公众批判成为广泛的行动。通过 BBS 留言、博客、电子邮件、聊天工具、微博等,任何议题都将从殿堂之上降至公众可以企及的视野,从而形成了"社会可以关注我,我可以关注社会"的新的社会联结、社会审视的事实。

总体上,公众批判也可被视为公众话语实践的最重要内容之一。与这种实践过程相伴随的是,公众通过批判行动本身逐渐完成真正意义上的社会政治启蒙。也正是凭借这种实践,公众可以对政治、经济和文化等领域的若干现象进行祛魅,从而更好地认识、把握和沟通置身于其中的社会政治生活。

但问题是,当微博等新媒体成为公众话语表达的重要场所,不同的人几乎都享受着话语一吐为快的自由奔放的时候,人们必须要清楚地知道:"可以批判"和"如何批判"不是同一个问题。说"可以批判"只是表示批判的价值、权利及其可能,"如何批判"则是与批判的合理性有关。

(二)公众批判的合理性

就一般而言,批判的合理性包括:"合理地批判谁(包括对象在内)"

---

① 〔西班牙〕奥尔特加·加塞特著,刘训练等译:《大众的反叛》,吉林人民出版社 2004 年版,第 106—109 页。

和"合理地进行批判",二者分别强调的是批判目标和批判过程的有效性问题。处理不好,则往往造成批判"武器"的滥用。以下通过对特定事件和问题的回溯、梳理,来探讨批判的合理性何以才能建构起来。

不少人曾批判社会学者李银河的调查报告《后村的女人们》。[①] 该项调查针对女性的不同社会角色——作为女儿、妻子和母亲,进行走访调查,分析她们在上学、就业、婚嫁、抚育后代、家务劳动、参与社会和政治活动等方面与男人的权力差异,从而揭示了该村农村家庭的权力关系。该书的出版经由媒体的传播迅速进入大众的视线,并在博客等新媒体领域招致了来自公众的尖锐批评。而针对《后村的女人们》及李银河的批判,可以追问的问题是,公众针对李银河的批判的真正起因是《后村的女人们》,还是关于《后村的女人们》的报道?看看媒体的以下报道:《后村的女人们》"是一份关于中国当代农村家庭权力关系的调查报告";"反映了当代中国农村男女不平等的现状"。媒体"无意地"对该调查结论的"拔高"直接导致了公众从自我经验的角度提出质疑:"俺家农村咋不像这样?李银河女士是到哪个偏远地方去调查的?那个地儿能代表全国农村?"更甚者,有人开始质疑李银河的专业背景:"这就是美国匹兹堡大学回来的海归博士?""这算什么科学研究?"等等。由于批判的目标错了,批判的合理性首先面临挑战。即便是针对《后村的女人们》调查的批判,也存在对社会学调查方法的误解问题。于是,当越来越多的类似人群加入浩浩荡荡的队伍时,只会导致远离"批判的合理性"——似乎声势雄壮,但绝非稳健有力。为此,李银河曾就社会学调查方法专门接受过《青年周末》的访谈,这也算是对普通人群的一次社会学调查知识的普及。

不过,作为社会学者,特别是作为性研究学者的李银河成为被批判的对象,并不是第一次。围绕其关于性的观点,在新媒体领域更是引起社会

---

① 后村是一个位于河北与山东两省交界处的村庄,李银河的一个学生正好是这个村的人,比较容易进入,李银河就让她作为调查员回村调查。该项调查面向后村的 100 名普通妇女。详细研究内容读者可参阅李银河的著作《后村的女人们》。

争议。坦率地说,李银河的一些观点确实需要展开必要的批判和合理的探讨。

数年前,哈尔滨的疾病防控部门召集卖淫者开展防治艾滋病教育,并向她们免费发放了安全套。这种行为引起了非议,甚至直接招致很多人的反对。对此,李银河认为,成年人的性活动和性交易只要不违背三项基本原则(自愿、私密、成人之间),就不应受到法律的制裁。同时,她指出,完全免费的性仅仅是两性关系的理想境界,而现实中存在着大量不免费的性关系。在她看来,所有这些不免费的性关系中,女性的角色无非三类:一是妓,即短期交易关系;二是妾(近称:二奶),即长期供养关系,无婚约;三是妻,即长期供养关系,有婚约。她的结论是:这三类人没有本质区别,如果仅仅制裁其中的一类或两类是不公平的,而用法律的形式来处罚公民的这种行为,是一种立法上的道德清高主义,是一种以社会上一部分人的道德标准作为依据订立法律,去惩罚社会上另一部分人不侵害他人权利的行为。①

毋庸置疑,李银河的"性观点"是严肃的,但显然不够严谨。每一个社会都会因为历史和文化传统的原因,确立哪些因素是社会应该追求的,哪些是不应该追求的,甚至在手段上还会出现严厉或宽容的差异。对此,不能简单地将此置于权利的框架,否则容易陷入局部的甚至是总体的社会不适应,甚至是严重的价值观念冲突。就像不同地域文化的人群,他们可能会对特定的裸露部位怀有羞耻之心,但究竟是哪一个部位呢,则存在差异。据称,世界上有的地方的女性主要对臀部心存害羞。从这个意义上来说,梁漱溟当年关于中西文化差异的论述对这个问题的说明更合适。梁先生认为中西文化的本质区分在于,一个重视伦理情谊,一个重视自由权利。这一观点的启示是,一个社会妥当的做法是——提倡在一种有序自由的情况下,契合各自的文化传统对"性"进行讨论,才不至于那么"危

---

① 更详细的相关内容参见李银河的相关博客以及其他相关报道。

言耸听"。同时,对同一个社会而言,一旦对高尚和卑劣(如果可以这样用的话)给予同等对待的时候,人们会采取就低不就高的方案进行行动。社会以法律规范某些道德问题,并非就没有依据,因为这本质上就是一个合理地道德法制化的问题。作为规范,二者相互转化在世界范围内都不同程度地存在着。这不见得一定就是"法律对道德粗暴干预"。至于李银河在争论中还曾担忧因此而留下的腐败问题,那其实仅仅是一个管理失控问题。事实是,只要存在管理的权力,就可能会因为权力的存在而有腐败的可能。但"需要相应的措施加以治理",并不能成为"取消该管理权力"的充足证据。

不仅如此,如果说"用一部分人的准则要求另一部分人"的合法性尚待确认的话,一部分人对大多数人准则的伤害则是肯定缺乏合法性的,在"性问题"上也是如此。至于李银河"记得秦晖说过一句话非常好,文化无好坏,制度有优劣。同性恋、异性恋作为两种文化,它们之间是没有好坏的。能保障所有人权利的制度才是好的,而歧视少数人的、不给少数人权利的制度是劣的。比如一夜情、虐恋、换偶,我们都不喜欢,但是我要强调,他们有权利做我们不喜欢的事情"的观点,它所涉及的自然就不仅仅是一个自由和权利的问题,更是一个是否将精神和肉体视为神圣的一体加以考虑的问题。对大多数人而言,愿意将二者视为神圣一体。从更美好的追求而言,也是如此。否则,人们关于生活的美好想象便会因此而苍白和无味许多。换言之,人类的充实程度取决于追求高度。也正因为如此,社会才会有对高尚婚姻的执着追求和怀恋。

总体上来说,近些年随着网络生存方式的常态化,公众批判行动的意义显著,但也必须注意到其批判行动中令人担忧的一面。网民们不仅是在自己的经验(经历)中提出问题,他们自身也是更具个人性的传播书写。但私人性的独特性特征容易抽空人们所嵌入的广阔社会生活场域,从而以简单的方式对原本作为实践的批判行动进行一味的把玩。同时,在一些貌似公共性的网络群体性事件中,一些人对敏感的身份经常以标签化的方式进行快速传播,在具体的批判对峙中往往以道德捍卫者的身份对任何反对意见进行清障,在情感上表现出非爱即恨的极化宣泄。一些行为甚至如有人所言,今天的"愤青"已成为"粪青",狂暴情绪几近病态,众声喧哗声中不是在倾听,而是单纯地赞成和反对。①

因此,实现合理性批判的过程在于:完整地倾听、对问题所处的社会情境进行合理定义、真实地对话并以实现某种共识为目标,注意辨识社会批判中存在的某些社会操控术。当然,公众要实现上述目标还须具备基本的社会科学常识(包括一些基本的理论和方法)。特别是在自然科学理性统领现代社会发展,但在实施过程中面对很多社会问题不能有效解决,却又百思不得其解的时候,拥有这些社会科学常识显得至关重要。

(三)培养公众的批判气质

批判不是生活中的吵架,不是追求一吐为快的心情畅然。依照福柯的观点,批判者的角色不是去代替别人做决定,而是去动摇人们的习惯,指出常见信念的危险之所在。② 李银河的《后村的女人们》也是充满批判性的。自始至终,李银河也并没有任何"矫饰"的成分,该研究的价值在于提示人们注意:特定范围的社会生活现象背后还存在一些和现代社会价值观念相冲突的社会关系体系。

在今天,被中介化的社会正处于由网络统领传媒、微博统领网络的新媒体传播时代。与传统社会政治沟通渠道对人们主体意识的影响不同,以微博为代表的新媒体传播的主体间性特质打破了传播的单一性,让各抒己见的表达自由成为现实。你可以选择不看微博,但不能阻止任何在微博上的社会传播。话语的自由势必影响表达的自由,进而影响所关注社会政治议题的广度。正是在天下事事事关心的言说动力下,加之观念

---

① 张闳:《愤青的变迁》,《社会学家茶座》第31辑。
② 渠敬东:《社会学是什么》,《社会学家茶座》第1辑。

的相互影响逐渐开启民智,人们的权利意识逐步增强,有利于实现从市民角色到公众角色的转换。但从现实的表现来看,微博等新媒体虽有了增值的言说权利,但距离理想的传媒公共性还很远。特别是在越来越多的网民还沉浸在"消费批判"的怡情之中的时候,我们更需要对各种伪公共性或公共性幻象保持足够的警惕。

从这个意义上来说,公众还应当成为福柯那样具有批判气质的人,即注重分析不同时间点的社会实况、强调任何时间点存在的内在矛盾、关注社会历史的不连续性和突然反转性,而不仅仅是关注与此相反的方面。

对中国来说,这种公众批判气质的有无则是当下社会人的主体意识的表征,即公众对特定的政治与社会现象独立自主地认知、言说和判断,并据此采取合适的行动的表现状况。一旦公众能够具有批判的气质,并进行合理的批判行动,这种气质又成为这个社会的政治文化气质。惟其如此,一个拥有理论自信、制度自信、道路自信的中国梦的实现才能具有更坚实的社会主体性基础。

二、公众微博的监视行动[①]

后现代社会理论的先驱福柯关注了管制在社会变迁过程中的变化。按照其理论,所谓管制就是"对人们进行控制的实践和技术",管制的形式除了国家实施于公民身上的种种措施外,还包括与国家无关的能动者所行使的管制方式以及人们自己管制自己的方式。

就管制方式(技术)而言,它早已广泛存在,从电话监听、摄像头监控到网络化技术控制等不一而足。甚至在最热门的房地产问题上,也能看到管制技术的踪影。如相关部门通过国家智能电网网络,依据电表读数连续6个月为零指标,在全国660个城市查出了共计6540万套住宅空

---

① 还可参见谢进川:《微博监视的政治传播分析》,《新闻界》2013 年第 24 期。

置。① 而这类管制技术其实又是具体的监视技术,只是服务于不同的管理目的而已。

公众微博的监视行动是公众基于微博传播对公共权力和社会资源分配的理念的形成、行使和效益等进行协商、干预、监督和检视的管制行动。它本身就是现代媒介网络化技术发展的产物。微博监视既是一种来自社会的管制实践,也是一项社会性管制技术,甚至还是一项社会权力。

(一)公众微博监视的行动逻辑

对于公民的行动逻辑,现有的论述过分集中在利益行动逻辑上,其依据是中国社会分化所导致的利益分化现实。同时,这一观点可以在马克思的相关论述中寻找理论资源。最被经常引用的话语就是,"人们奋斗所争取的一切,都同他们的利益有关"。② 但这种看似完整的论证过程有一种致命的缺陷,那就是当研究者们泛化利益概念的时候,会发现任何自觉的行动无不直接或间接地与所谓的利益相关。但这样的利益泛化措辞没有任何价值,因为它丧失了作为一个研究概念应该具有的对社会政治的真正思考力。对于马克思主义的利益话语,如同马克思的"经济决定论"观点一样,很多人并未注意到马克思只是在一种根本性(决定性)意义上使用的,但并非强调唯一决定性的本质主义取向。自然,将利益行动逻辑作为公众微博监视的唯一行动逻辑不可避免地存在问题。

为更好地说明公众微博监视的行动逻辑,需要先对社会政治行动进行分类。综合目前的一些研究,可以根据行动目标的具体指向不同,将行动逻辑区分为信仰(信念)行动逻辑和利益行动逻辑。在此基础上,如果以态度为标准可分为支持型信仰(信念)行动/利益行动、反对型信仰(信念)行动/利益行动;进一步以提出要求的主体不同,可以分为公众要求型

---

① 新华社:《坚决清除房价中的"腐败成本"》,《重庆晚报》2010 年 3 月 31 日。
② 《马克思恩格斯全集》(第 1 卷),人民出版社 1995 年版,第 82 页。

信仰(信念)行动/利益行动、政府输出型信仰(信念)行动/利益行动。就线下的社会政治行动表现,一项实证调查显示:"中国公民政治参与主要表现为对与日常生活密切相关的问题和利益的关注,而对社会主要的政治问题以及与政治体系相关的抽象的价值、观念、原则等则表现得较为冷漠和无动于衷。"①这一特征被解释为适应了中国政治现实的物质主义倾向,其典型的行动表现是若干维权事件。这一点不难解释,因为公众才处于从市民身份向公民身份转变的进程中,公众反对型利益行动和公众要求型利益行动会表现得很充分。

但在公众微博监视行动中,一方面大量地表现出了与线下政治相同的特质,另一方面它与线下政治又存在差异,即微博监视在具体事件讨论中还强调制度设计理念及其背后价值。一般认为,利益参与行动"涉及的是特定人群的局部利益,易于进行利益妥协,而并不触动政治体系的根本利益和基础因而相对容易实现参与者的目标,参与所带来的混乱也比较容易控制"。②而信念型行动则会检视公众的主体性意识,并往往带来更广泛意义上的社会政治变革,因此它势必考验执政党的觉悟、敏感性和不失时机地把握社会政治发展的能力。

因此,人们对于微博政治不宜将之作为政治技术和功利政治加以过度解读。因为此类解读本身就是理性的滥觞,它一方面强调"技术知识似乎是唯一满足理性主义者选择的确定性标准的那种知识",③另一方面主张政治行为的利益价值。这种滥觞容易导致对信仰价值、道德价值和情感价值的忽视,造成方法和思考维度的狭隘,并导致对微博政治的科学解读能力下降。实际上,如果排除不利他就会损害己的情形,利益本身无法

---

① 王丽萍、方然:《参与还是不参与:中国公民政治参与的社会心理分析》,《政治学研究》2010年第2期。
② 高旺:《政治参与模式的演变与社会政治转型》,《天津社会科学》2008年第2期。
③ 〔英〕迈克尔·欧克肖特著,张汝伦译:《政治中的理性主义》,上海译文出版社2004年版,第12页。

说明为何人们要利他。特别是在公共利益增长与少数私利攫取同步增长的时候,利益逻辑的认知缺陷将暴露无遗,因为从理性来说,它已经增加了彼此的收获,有何不可呢?同样,它更无法解释当下微博社会政治冲突中为尊严而激烈抗争的情形。

而公众微博监视行动逻辑的分殊,也会在具体问题的行动中体现出不同人(或人群)的观念冲突。从而导致不当地对一些利益和权利进行论争,或对社会政治问题的重大性与否无法作出合理取舍。近期微博上曾热议"中国是否要放开移(入)民"议题。一些持反对观点的人认为,"中国人连自己的自由生育权都无法保护,还谈什么移民进来?难道一方面向他国国民开放,一方面杀死自己的孩子"。这里有个关键问题是,不要被生育权的概念所误导,更严格来说这是一个有限的生育权。实际上,中国开放移民是一个在一定时期如何规避人口压力而又能改善人口结构内在竞争力的重大问题。因为研究显示,2012年我国15—59岁劳动年龄人口在相当长时期里第一次出现了绝对下降,比上年减少345万人。从2010年至2020年劳动年龄人口将减少2900多万人,人口红利的拐点出现,这势必导致包括人口抚养和经济增长在内的诸多问题的出现。即使调整计划生育政策,即使人们还愿意生,要"长成"劳动年龄人口也至少需要15年之久。①

(二)公众微博监视行动的政治价值

公众微博监视行动具有多重价值。一是作为国家治理(governance)工具的价值。在对待微博的管理逻辑上,目前主要包括控制逻辑和治理逻辑两种类型。在与社会人群的关系上,控制逻辑表现为我(国家及其执政党)需要你(特定人群),治理逻辑表现为我们彼此(国家及其执政党与社会人群)互需,休戚与共。国家(及其执政党)倾向于控制的逻辑。但

---

① 田俊荣:《中国劳动年龄人口首下降 人口红利拐点已现》,《人民日报》2013年1月28日。

即便是在控制的逻辑下,国家及其执政党与社会人群在特定的社会政治发展阶段,就特殊的事件(问题)而言,其需求又具有共生性。在中国,党—国一体的政治传统促进了党与国的政治同构,并将二者的命运作为意识形态常识加以确认。但在利益分化加剧的情况下,这一认同因为官僚群体中部分人的贪婪性逐利行为而遭到了局部解构。这些人的官员职位身份加上党员政治身份,损耗了民众在历史中形成的政治信任遗产。近些年的反腐行动在很大的社会范围内被逐渐动员起来,并被赋予了很高的政治意义。可以确认的是,这既是执政党建设的政治,也是重塑党—国与民众关系的政治。它"不仅为执政的中国共产党赢得了广泛的支持,也扩大了民间与官方在政治文化领域的共识基础"。[①] 当下,控制的逻辑将包括微博在内的网络形态定位于政府主导下的"社会参与反腐倡廉的渠道"。换句话说,这是一场在新技术条件下国家及其执政党对群众的动员,并在一定程度上跨越了(但不是超越)制度性监视的不足。由此可以看到,党—国有不断地整合微博的趋势,这也表明了微博监视作为国家治理工具的特殊价值。

二是作为民主政治的独特价值。政治主体可以分解为不同的主体群,从而也表现为在社会发展和利益共识之外的不同私利追求。作为民主政治的发展,公民社会要求公众的私利合理化,以促进公利获得更大的发展空间,努力避免借公利之名行私利之实。但实现这一过程有不同的制度选择路径。在竞争型的政治制度设计中,"政治竞争把政治家对私利的追求转化为实现社会某种目的和满足公众某些要求的手段"。[②] 而在竞争不够充分、政治信仰缺失,以及政治动力不足的情况下,监视行动的发展可以在一定程度上修正政治体系运行的偏差,并增加政治决策的合法性。20世纪末以来崛起的协商政治理念是在"西方社会选举民主存在

[①] 王丽萍:《政治发展进程中的中国政治文化构建》,《北京大学学报》2009年第1期。
[②] 金贻顺:《当代精英民主理论对经典民主理论的挑战》,《政治学研究》1999年第2期。

明显问题,自由主义民主理论遭受质疑的情况下,在社会迫切要求扩大公民参与、加强公民和团体间的对话与合作、促进政治共识、维护社会稳定与发展的背景下形成的"。① 但协商并非能够做到事事涉及,这不仅不现实,也违背了现代社会分工发展的要求。正因为如此,社会需要的是适度的、必要的协商和广泛的监视行动。公众微博监视是公众行动实践的重要构成部分。微博监视的崛起,让舆论更加民间化。同时,它符合了中国这样一个发展中国家对良善政治追求的低成本需求。加之,公众微博监视行动本身还具有达成共识目标之外的多重社会政治效应,即影响公众对政治效能的判定、政治观念的认知、政治偏好的形成和改变等,这势必进一步影响到民主政治发展的未来格局。

三是促进政治体系弹性的价值。从政治体系发展的均衡性来说,一个弹性的政治结构体系在于能够不断容纳新的社会要求和主体力量。一旦制度僵化或"政治参与的制度化建设仍旧不能满足公民的政治参与诉求,而其他的社会问题又不能得到很好的化解,就有可能形成政治意义上的社会结构的分裂和社会群体间的仇视对立和冲突。在这种社会情境下,就极易造成民对官、穷对富和弱对强的对立仇恨和冲突"。② 微博事件的爆发无非是政治体系刚性的表征,但通过与国家的有效互动,公众微博监视行动除了对具体政策的形成和修正产生影响外,也能为制度的创新和完善提供智慧资源、修正契机和革新动力。

(三)公众微博监视需要解决的问题

公众微博监视是来自社会的管制实践,围绕微博监视的建设可以称为一项社会政治工程建设。很显然,这项工程只是初具轮廓。

首先,公众微博监视还不是一项系统的工程,其监视也表现为偶然

---

① 陈家刚:《协商民主与当代中国政治》,中国人民大学出版社2009年版,第1页。
② 王明生:《改革开放以来我国政治参与研究的回顾与展望》,《清华大学学报》2011年第6期。

的、路边拾漏的特征。目前,很多微博监视表现为俘获那些暴露了蛛丝马迹的问题。但社会公众的非专职性,使得这场热闹的监视也极具消费政治的戏剧性。如杨达才的手表、周久耕的香烟、中石油办公大厅的吊灯等等。试想一下,如果被监视者吸取经验教训,更具隐形性,来自社会的微博监视又从哪里入手呢?

如果要摆脱星星点点的社会监视,其中一项重要的事项是公开必要的政务信息(含重要资源分配信息)。近些年来,"虽然国家和地方政府在政务公开方面已经进行了很多探索,但相对于社会分化和市场化的发展,特别在涉及不同群体和各相关方自身利益时,政务公开制度都远未能够发挥监督和约束功能,其制度化程度和创新程度都无法适应协调新时期社会及利益分化的需要"。①

其次,微博公众对权力的监视是在"众势"的基础上进行的,其本身的非组织性和联系的偶然性也导致微博公众对于"众势"的可靠性心存疑虑,甚至会因其本身的不确定性而觉得安全感不足。因此,一旦政治权力突然造访个别微博主的时候,他们仍然会显得惊慌失措,或者是反应过度。笔者的一个学生在收集有关研究材料的时候,希望随机对发表言论的几位博主进行调查,发现大部分人对于突如其来的调查感到恐惧或者不满,怀疑自己的言论引起了有关部门的注意,担心是否会对自己的现实生活造成影响。直到再三地解释后,才打消了疑虑。

第三,微博监视就是微博时代"耙粪运动"的复活吗?19世纪末20世纪初,在西方传播历史上形成了著名的"耙粪运动"。这场运动几乎涵盖了20世纪初主要的政治与社会问题,如政府腐败、托拉斯非法垄断、假药和食品不卫生状况、使用童工和种族歧视等。统观美国的"耙粪运动",它涉及一系列社会政治因素:美国中产阶级的崛起、大众化杂志、官商勾结和权钱交易的盛行、开明改革者推动改革的政策等。首先特别值

---

① 李路路:《社会结构阶层化和利益关系市场化》,《社会学研究》2012年第2期。

得一提的是时任总统罗斯福。他经常邀请记者朋友到白宫做客谈心,征求他们对一些问题的看法,对他们揭露的问题认真加以考虑,并对市政腐败、非法垄断、劳资冲突等问题都进行了不同程度的改革。作为重要参与者的新闻记者,他们认为,"他们之所以耙粪,是因为他们钟爱这个世界。尽管他们对不公平现象感到愤懑,但心中并没有仇恨。虽然对社会弊端揭露得淋漓尽致,但他们并不想推翻美国制度,而是希望通过揭露唤醒民心,推动改革,实现正义。每个人都有一颗爱国心,深爱自己的国家。他们既是个人主义者又是民族主义者。对他们而言,美国虽然'丑陋不堪',但仍然是他们的家乡,他们仍然是美国人,通过改革,美国终究会变好"。[1] 可以说,美国的这场运动既是利益集团的冲突,也是良好的社会政治心态下国家与社会之间良性互动的佳话。政府适时地将危机变为改革的良机,一是促成了大众社会政治行动的胜利成果,二是促进了合理政治产品(政策)的形成和输出。

近些年,微博监视行动背景下的中国式耙粪行动也此起彼伏,但从运动的声势、连贯性、持续性和实际耙粪的方式而言,与西方传播史上的"耙粪运动"有明显差异。对于微博监视工程的建设,还有一系列相关问题值得深入思考:对于微博监视事件完成后的狂欢,它是一种心理上的大众胜利快感,还是对改革真正到来的欢愉?对于耙粪的议题,是抓阄式的揭示问题,还是呈现典型的社会问题?谁成为耙粪者,是专门的职业者,还是大众的运动?作为耙粪者的社会政治心态,是怀揣希望的愤怒,还是绝望的仇恨?作为一种行动,是把耙粪作为常态的方式,还是一种应激的社会政治行为?顶层设计者对于耙粪的态度,是忧心忡忡进而加以驯化,还是作为传播政治生态多元化的表现而进行合理规制?就内在性而言,耙粪行动内在的改革政治共识和政治认同是什么?在耙粪之外,人们还将具

---

[1] 肖华锋:《美国黑幕揭发运动:大众化杂志、进步知识分子与公众舆论》,《历史研究》2004年第4期。

有怎样的理念以关注更广泛的社会政治议题？以上这些不同的选择将对微博监视工程的建设影响巨大。从这个意义上来说，公众微博监视的发展加速了社会政治改革的进程，它来到了一个"历史的转折"和"紧要的关头"，但它关乎的却不仅仅是一个"传播的未来"。

  过去党—国包揽一切，在熟人社会之下很容易做到一览无余的内外监视。但在越来越扩大的陌生人社会之下，制度性监视体制建设进程本身的迟缓，给党—国监视行动留下了诸多盲区。多年以来，全国家庭的房产数据联网一推再推，迟迟不能做到全国数据联网。须知，从技术层面上来说，这没有任何障碍，但进程的缓慢程度让人费解，其导致的直接后果是不能据此采取更具针对性的房地产调控。围绕房地产的相关言论则是公说公有理，婆说婆有理，严重地影响了社会对房产政策的预期，并使得社会充满了对利益博弈严峻形势的担忧。进而，居住的问题俨然演变成了居住生活的政治问题。2013年1月21日，习近平在中国共产党第十八届中央纪律检查委员会第二次全体会议上指出，"要加强对权力运行的制约和监督，把权力关进制度的笼子里，形成不敢腐的惩戒机制、不能腐的防范机制、不易腐的保障机制"。就促进三大机制的建立来说，微博监视的传播行动通过人际传播的大众化，可以突破本地传统媒体压力、异地媒体无法报道的制约条件，并避免党—国体制内监视的灯下黑现象，从而具有其他监视手段不可比拟的优势。但微博监视如何现实地发挥其更积极的社会政治功效，仍然是一项严峻的任务。

结语：
微博、机遇政治，及其他公共性新媒体

依照一般观点，现代民主需要有物质性的前提条件，具体包括"达到一定程度的教育水平，财富的平均分配，当然也包括一种民主的、电子化的媒介公共空间的维持"。① 但要实现社会管理的多重目标，微博的发展和参与明显还受到现阶段机遇政治的制约。为了更好地实现这些目标，就媒体因素而言，还必须从微博拓展到更多的具有公共性质前景的新媒体方面，比如社区手机报。

一、微博发展与机遇政治②

微博发展依赖于其自身的主体性发育程度，也受制于所嵌入的宏观社会背景。为更好地思考微博的发展，首先需要对中国改革开放以来的政治图景进行合理判断。总体上，"修复性的政治体制改革和具有突破性的经济体制改革，一方面保证了经济社会的活力，另一方面也使这种经济社会的活力保持在秩序的政治框架内，实现了权力主导下渐进改革的既

---

① 〔英〕尼克·史蒂文森著，顾宜凡等译：《媒介的转型：全球化、道德和伦理》，北京大学出版社2006年版，第20页。
② 更完整的分析可见谢进川：《微博发展的政治逻辑分析》，《中国青年研究》2013年第10期。

定战略"。① 微博在当代中国的发展是作为新的因素,特别是作为经济社会服务的新技术因素出现的,进而才从一种微言生活记录发展为例外的微言政治话语行动实践。从规模上来说,它是以"点"的方式而非"面"的方式提出了政治发展的社会要求。从影响上来说,微博虚拟空间的实在性让社会的主体性价值得以呈现,并为人们所感知。也正是微博所呈现的力量感,成为拥有相对较少的社会资本的青年群体近些年来所偏爱的原因。据中国互联网信息研究中心的研究数据显示:截至 2012 年 12 月底,我国网民规模达到 5.64 亿,网民中的微博用户比例达到 54.7%,而 10 岁至 29 岁的青年占到整个微博用户的 54.4%。截止到 2014 年 6 月,微博用户规模仍达到 2.75 亿。

但微博在当代中国的发展到底如何,仍然带有机遇论的色彩。中国共产党第十八届中央纪律检查委员会第二次全体会议于 2013 年 1 月 21 日在北京开幕,习近平指出,"反腐倡廉必须常抓不懈,拒腐防变必须警钟长鸣,关键就在'常'、'长'二字,一个是要经常抓,一个是要长期抓"。同时指出,"要加强对权力运行的制约和监督,把权力关进制度的笼子里,形成不敢腐的惩戒机制、不能腐的防范机制、不易腐的保障机制"。但制度实践本身的形式在当代公众中引起了多元化的解读。就微博政治发展而言,以怎样的方式将微博的政治力量纳入到制度实践之中,将为微博传播政治的可持续性奠定理论和现实的基础。特别是这一理念经由顶层提出,并能够变成其行动逻辑的话,将不仅是单纯的社会政治发展想象,更能符合当代中国政治行动逻辑——国家主导——的现实政治基础。届时,微博政治才能形成持续的、长期的、有序的动态发展。

而顶层概念本身又是可以分解的,那就是顶层个人与作为主导力量的执政党。在机遇政治特征明显的时期,很大程度上顶层个人的威望和决心是创造和把握机遇的关键因素。在邓小平时代,正因为有了他在

---

① 冯宏良:《改革以来中国社会政治生态分析》,《云南行政学院学报》2010 年第 1 期。

1986年9月3日对日本公明党委员长竹入义胜的感触,才促成了后来的党政分开和政企分开的政治体制改革方案。当时他认为,"现在经济体制改革每前进一步,都深深感到政治体制改革的必要性。不改革政治体制,就不能保障经济体制改革的成果,不能使经济体制改革继续前进,就会阻碍生产力的发展,阻碍四个现代化的实现"。[①] 虽然从总体上而言,个别权威政治人物改革的自觉性不如政党之自觉性,且从利益整体来说,政党更具有超越个人利益的动力。不过,在政党关于改革之共识未能充分达成的时候,改革的热望一定程度上只能寄希望于个别权威政治人物。此时,政党尚存的惰性甚至可能成为个别权威政治人物倡导改革时的最大障碍。

对当下中国而言,当政党的先进性还在不断形塑的时候,富有改革精神的权威政治人物依然是创造社会政治发展机遇的不可或缺的因素。但从长远的政治文明发展来说,应不断地由权威政治人物创造机遇发展到政党创造机遇,再到制度创造机遇。即便不能简单替代,三者之间所实现的机遇比重应有明显的差异化追求。因此,这也可以说是政治改革整体性的机遇观表达。特别是对于"制度创造机遇",它将是包括微博政治在内的社会政治的根本的制度利益诉求。这一过程清晰地表现为:借助权威政治人物首肯,为微博等新媒体政治创造发展的机遇,以实现有效的利益博弈,成就创制和约束利益的各类规则,最终以规则来形塑竞争和均衡不同利益集团,并满足各方的合理要求,从而达到动静适宜的秩序目标。

再者,笔者在传播政治经济学与媒体改革运动分析中曾指出,人们可以看到各种支配力量之间的合作性和反合作性,特别是反合作性为非支配性的社会力量提供了主体性复苏的契机。比如,特定历史阶段的国家与市场之间存在微妙而复杂的关系为媒体获得了一定的实践空间,但这并不意味着媒体空间的获得总是媒体自身主体性地寻找社会政治资源的

---

① 邓小平:《邓小平文选》(第3卷),人民出版社1993年版,第176页。

产物。相反,如果没有转型中国的国家、执政党及权威政治人物的选择性支持,社会政治空间的发展同样会迟滞许多年。甚至有观点认为,"中国社会空间的产生和发育,其原初机制在于国家政权的主动退出。国家的退出,为社会萌生和成长提供了第一推动力"。① 最起码,这是一种至关重要的推动力。

但微博政治也考量着机遇政治创造者的政治自信、政治智慧,以及现行政治的容纳力和自觉的调整能力。如果认同于建嵘关于"明确的权利、有权威的司法制度、真正的代议制度和开放的媒体"是社会和谐的基础的话,②更好地明确权利和维护权利、树立和保障司法制度的权威性、确保代议制政策输出的人民性等方面,则与媒介的开放性息息相关。唯有开放性的突破才能在转型中国成就社会政治力量与政府和资本的对话以及更频繁的互动。以微博为代表的新媒体传播政治实践具有社会嵌入性(embedding),包括嵌入的社会制度特性、全球化背景、社会历史遗产、社会分化现状,但它又具有去嵌入性(dis-embedding)的超越特质,即具有非体制内媒体属性,这自然会引起失控的担忧。

因此,微博的微政治发展和微革命意义的发挥不能抽离其依赖的战略政治及其改革,否则微博将承受不能承受之重。特别是近两年来,房叔、房婶等被频频曝光,微博政治大放异彩,更是引发了耐人寻味的担忧。如2013年年初福建漳州、江苏盐城等地加紧出台房屋信息查询规范,在敏感时刻对以人查房作出约束的重申。须知,如果不能更好地在约束和公开之间寻找到新的平衡的话,类似的制度外胜利将成过眼云烟,民众的社会政治效能感也势必被严重削弱。甚至不能排除,社会的政治心态从对个人、阶层的怨恨发展为对制度的怨恨。而对受传统居家文化以及现实偏好选择影响至深,甚至于未来被房子绑架的青年群体来说,人们很容

---

① 彭勃、邵春霞:《改革后中国社会转型的政治逻辑》,《浙江社会科学》2009年第9期。
② 周华蕾:《给官员们讲政治》,《南方周末》2010年10月22日。

易感受到他们中的不少人在微博的高房价话题论争中浸润的无奈和对制度的怨恨。

二、从微博到社区手机报[①]

微博的传播形态对中国社会管理来说是必要的,但又是不够的。不断地借助于媒介技术发展,开发出公共性的媒体形态十分必要。从目前的新传播形态来说,社区手机报是值得关注的一例。

通常认为,社区手机报是以特定社区居民为读者对象,利用无线网络技术,借助手机终端提供社区新闻和服务信息、进行有效社群互动的电子传媒。近些年来,社区手机报在中国获得了初步的发展。全国代表性的社区手机报包括:安徽黄山市黄山区社区手机报、四川宜宾市翠屏区南城街道大观楼社区手机报、广东省河源市富景小区手机报等。在此就我国社区手机报的发展动力、当下主要特征及未来发展理念进行初步思考。

(一)社区手机报发展的动力

任何事物的产生都有其社会嵌入性,并从中获得发展的动力。概括起来说,中国社区手机报的发展动力主要来自于三个方面。

一是资本掘金的动力。传媒在经济社会中的重要功能除了自身以产业化的方式直接资本产业化外,主要是作为资本的服务工具,实现商品信息的营销传播职能。商业资本社区化是一种分散化的商业生态模式,经过一段时间的发展,其已经和商圈的集中生态模式实现了竞合生存。但作为社区人的消费既是在地化的,又是离地化的,由此产生了社区人与在地化/离地化商业联结的需要。社区手机报由于与社区人存在内在的特殊关联,不仅以平台的方式提供了常态化的营销传播服务,还实现了对社

---

① 也可参见谢进川:《社区手机报发展动力、应用特征与取向观察》,《重庆社会科学》2014年第8期。

区的深度植入。加之现行技术条件下社区手机报营运资本的门槛较低,如本研究所调查的《惠河东声》社区手机报①专职制作员不超过10名,这使得社区手机报的有效广告投放成本十分低廉,从而增加了大小商业资本接受该类新型媒介的意愿。据相关资料显示,全美报业90%以上的收入来自1000多家地区性日报和周报。而社区报95%的广告是当地的商业广告。② 在中国目前的资本圈地运动中,社区手机报因为是新兴的事物,大资本还未着力关注这一块,目前的社区手机报还只是零散的经营状态。但在不久的将来,在"分众"特别是"分(社)区"意识明朗的情况下,资本将从占领家庭(电视)、占领楼群(楼宇电视),变成占领社区(社区手机报)的新资本运动。

二是社会管理的需要。个人总体上是通过身份归属完成自我认同,并以此为基础满足社会管理需要的。中国人的身份感在过去表现为单位人,具体就是以单位空间容纳社会成员,对之实现全面和有效的管理。随着社会人口流动性的增强,工作单位只能分配有限的社会资源,单位职能主要简化为经济职能。人们从过去的单位人直接变成了社会人——关系的陌生化、了解的表面化、居住的分散化,这为社会管理留下了众多的管理盲点。与此同时,中国社会基层管理功能的弱化使得那些本应通过基层化解的矛盾、疏解的情绪和解决的冲突,不能得到及时有效的解决,导致不少矛盾不断地聚集和发酵,最终酿成各类群体性事件。加上经济改革进程中市场霸权主义导致的经济价值的泛滥,人们从合理追求经济利益变成了肆意追求经济利益,以至于难以顾及追求过程的正当性和结果的合理利他性。所有这些都不断加剧了社会管理的困境。

北京的《人文月坛》是面向西城区月坛街道居民的社区报,他们也在酝酿开设手机版《人文月坛》。其创办者李红兵直言:"当初创办的直接

---

① 惠河东里社区位于北京市朝阳区管庄街道,《惠河东声》社区手机报于2010年8月进行了小范围的试运行,在2010年中秋节正式创刊。
② 陈凯:《水土不服?——关于我国社区报发展的思考》,《传媒》2010年第9期。

动机是能够把政府的政策传达给老百姓,之后是想利用它更多地为老年人、特殊群体、弱势群体提供服务。因为很多时候,老百姓面临的问题和困难,并没有一个很好的渠道让邻里知道,并且老百姓的这些困难有时候也并不能完全依赖政府去解决,还需要身边人给予帮助。因此,随着社区当中人与人之间互助的需求和呼声越来越大,创办一份用来传递信息、表达心声、沟通情感的社区报纸也就被提上了议事日程。"①从今天的认知来看,这本身就是社会管理的两翼,即对社会的管理和社会自我管理所涉及的内容。

而一些特殊社区的社区手机报更是明确了社会管理的目标。《西南大学手机报》在其传播宗旨中就明确指出,要坚持贴近时代、贴近校园、贴近学生,努力把本手机报办成传播社会主义先进文化的新途径、服务全校学子的新平台。为此,他们设立《学子留言》关注校园热点话题,搭建学校与学生的沟通桥梁、拉近学生之间的沟通距离,通过《读经典 传箴言》传播红色短信,提升当代大学生的精气神。这一做法目前已经得到国家教育部的首肯。

三是媒介融合技术的推动。社区手机报是以手机为接收终端,利用现代无线通讯技术,以无线网络为基础,通过传播特定的内容为特定用户提供新闻、服务资讯,并为社区提供连接纽带的传播媒介。由于手机报的载体是手机,居民随时随身携带,所以,社区手机报的编辑可以将制作好的内容第一时间发送到用户的手机上。省去了报纸的印发环节,而且和电视、电脑相比,它不受地点限制,也为用户节省了接触媒介的时间。在今天的社区手机报订阅模式中,通常需要用户订制回复,才可接收该报。同时,社区手机报允许用户自由退订。这种定向发送摒除了无效发送和接收,使得传播更具针对性,由此区别于垃圾广告类的非特定传播类别。本课题组在对《惠河东声》社区成员的访谈中了解到,收到本社区手机报

---

① 彭波:《一个社区报实践者的心声》,《传媒》2012年第6期。

的大部分居民一般都会在打开后浏览一遍。同时,《惠河东声》手机报本身就是中国传媒大学所主持的一项媒介融合技术项目实践。

不过,以上三类动力除了技术动力具有作用的普遍性外,其他两类动力在不同的社区手机报发展中的作用程度不一,其主要取决于建立社区手机报的主体性质。但从理论逻辑来说,三者是可以在某种程度上实现兼容的。

(二)社区手机报当下应用的主要特征[①]

首先是传播内容的"在地化"。中国当下的社区除了事业单位社区、胡同社区外,主要表现为商品房居住社区,这一特征本质上是以特定地域边界作为构成单位的。陌生人通过第三方契约聚集在特定空间的特性同时意味着:普通商品房居住社区居民首要的需求属于功利导向型,而非情感导向型。这要求社区手机报必须在空间的接近性方面提供针对性和实用性的传播内容。

	报头	温馨提示	社区通告	文明城区	社区新闻	服务导航	乐活主张	生活贴士	惠生活	互动社区
2010.12.24	图片、日期、天气、期号	天气变化、防盗、尾号限行	领取蟑螂药、婚育包	文明交通行动计划	六普完成、五好家庭表彰	办理老年证、优待卡	各国圣诞习俗、行动优雅吐故纳新	冬季养生汤		意见征求
2010.12.31	图片、日期、天气、新年祝福	天气变化、防盗、尾号限行	禁放烟花、领取居家养老服务券	让文明成为习惯	党委总结会、居民代表会	96156	年关恐惧症、新"族群"盘点	省油窍门	刨花板市场	意见征求
2011.1.7	图片、期号、日期、天气	尾号限行(轮换提醒)	领取叶酸、婚育包、礼品	旅游观光文明有礼	党委扩大会、发放居家养老券	办理暂住证	人生三件事、周末宅生活	喝水选杯子		意见征求
2011.1.14	图片、期号、日期、天气	尾号限行	领取老年证、婚育包、补缴养老保险	首都居民文明守则	联欢会、楼门长慰问会	小帮手申请办法	找热游、葛优体	四种情况别吃葱		意见征求
2011.1.21	图片、期号、日期、天气	尾号限行	社会养老金待遇资格认证	做文明有礼的北京人——绿色出行从	慈善晚宴	保障性住房申请指南(一)	亲情AA制、职场5C	吃粗粮要有度		意见征求
2011.2.18	图片、期号、日期、天气	尾号限行	三八节活动通知	做文明有礼的北京人	元宵节联欢会、学生假期实践活动	保障性住房申请指南(二)	睡眠证书	掌握饮茶Tips		意见征求

---

① 本部分的参与者还有陈菲菲。

以《惠河东声》社区手机报为例。它共设8个固定栏目,并会根据节日、工作重点等增添特别专栏。"社区通告"、"社区新闻"栏目主要是及时发布社区工作动态,方便社区居民了解社区工作;"文明城区"专栏结合上级创建文明城区的工作部署,把握文明城区创建要点,大力倡导文明行为,号召居民参与到文明城区创建工作中;"温馨提示""服务导航"为居民提供方便的办事指南,从中能了解到各类社区代办事项的办理方法、程序;"乐活主张"主要介绍时尚生活趋势、引起热议的社会生活现象等,贴近居民生活,增添手机报活力;"生活贴士"栏目每期为读者提供一个生活小知识、小窍门;"互动社区"栏目在社区居委会、服务站与居民之间搭建起一个新型的互动交流平台,居民可参与互动活动,为社区建设提出意见。通过连续六期手机报的内容统计可以看出,《惠河东声》的内容以社区新闻、社区服务和社区资讯为其主要取向。

其次是社区居民认同程度存在明显差异。在学术界的受众分析中,认为手机报的定位人群是25岁至45岁知识水平高、经济基础好、对资讯高度敏感的精英阶层。[1] 他们一般为公司高级管理人员、企业白领、城市知识分子等,属于社会上知识水平高、经济条件好、对新闻信息敏感的中青年人。[2] 但本课题组的调研发现,老年群体对《惠河东声》社区手机报有更高的认同度。

在实施调查的过程中,考虑到中青年人工作不便以及受访者对采访员有戒心等,课题组在征得社区居委会的同意后,以惠河东里居委会社区工作者的身份用社区的电话约访,征求被访者方便的时间,并表示主要访问内容为了解社区手机报的使用情况并听取建议。被抽样的老年群体用户几乎都欣然接受(只有两个表示要带孩子),而另一部分群体(简称为小区的普通成年人群)很少愿意配合,大部分只接受在电话中进行访谈。

---

[1] 陆云红:《手机报的传播特点》,《当代传播》2005年第4期。
[2] 刘飞、衣晓雷:《国内外手机报发展评述》,《通信世界》2007年第31期。

访谈表明,普通成年人群的阅读情况基本为大致浏览,对内容没有太多的关注。而当被问及关注过《惠河东声》哪些版块哪些内容时,老年群体表示了很大的关注和热情,大部分都能说出一些内容,还有人能清晰地回忆起新闻或通告的具体内容。

  被访者A:这个季节干燥,吃点凉拌菜好。芹菜木耳,百合治内热,我记得那期很好。

  被访者B:电视那个养生堂我天天看。药补食补这种养生的知识你们可以多弄点。文字信息我经常看看,电视看了就忘记了。

  被访者C:小区周边的价格信息也可以有。还有家里来人不知道做什么饭,你们要能提供什么凉菜、熟菜,我一看就照着做了试试。

  访问员:养生这类信息你们在社区手机报上看到过么?

  被访者C:看到过,看到这些我们都仔细看一遍。

  被访者B:生活小妙招,污渍怎么清洗,跟生活怎么联系,这些我们都很关注。

这种认同性不仅表现在老年人对自己社区手机报的支持、关注度上,还表现在老年人对手机报的技术和生活空间所产生的依赖性上。在课题组小组座谈时,他们反复强调"电视看了就忘记了",这个"一看就照着做",可以"经常看看"。老年群体不反对同样的内容出现在不同的媒介上,因为一般的电视信息不能留存,而手机信息可以保存下来供反复阅读,这也是手机媒介的优势之一。另外,老年人提出最多的建议就是增加养生类或生活妙招类资讯。

而对于社区手机报组织的活动,老年群体也极为地看重:

  被访者D:今年也琢磨琢磨怎么玩。上次居委会组织活动我们几个报名了,最后没让我们去,大家意见多了。那真是遗忘的角落。你就限制俩车,我们每次甩了一波人。多一个车没关系。社区难得组织一次,干吗不尽量满足大家。

> 被访者 E:儿女都上班了,老的一起互相照顾一起玩。年轻人也不好带你玩。老了才跟你一块凑,居委会又把你遗忘了,那些人意见大多了。

这一状况的形成可能与老年群体的信息获得渠道、该群体的角色定位、年龄段关注的议题,以及交往圈子的特征有关。家庭角色和养生需求使得他们会更关注饮食指南和生活小窍门。课题组调查的惠河东里是一个新建立的小区,在其中居住的老年群体经济条件尚可,有相当一部分都是跟随子女入住,导致了对社区群体的依赖,说他们看重社区组织的活动不如说是通过活动找到了社区的归属感。同时,他们的教育文化程度也能保证其基本能读懂、理解手机报的内容,加之离退休空闲在家,则保证了有充足的时间阅读社区手机报。而对普通成年人群来说,通过互联网搜索可以轻易地获得一些新闻和服务资讯,相对会减少对社区手机报的依赖。

三是与社区的浅层互动与低融入性。目前,不管是老年群体还是一般的普通成年人群,社区手机报的融入程度都还是属于浅层次的。从客观上讲,社区手机报还处于运营初期,发送的期数不多,宣传和对用户的送达也不充分,加之传播内容的本社区特征并不太明显,造成其在居民中的认知度并不高,互动参与程度还相对有限。

> 访问员:如果以后请您跟我们一起,每期给我们提供一些内容您接受吗?
>
> 被访者 A:群策群力,也可以。
>
> 访问员:比如您在报纸上看到什么就告诉我们,我们发出去。

(小组座谈成员之前很活跃地讨论,听到这个问题突然沉默)

被访者F:这也可以,有价值你们就登上。

访问员:刚才大家都没什么回应,大家觉得看到一些内容告诉我们来发怎么样?

被访者B:这怎么告诉你们呢。打电话还行吧?

被访者C:看见你们了说一声还行,发短信我不会发呀。

课题组在开展上述访谈前,只有《惠河东声》所属的管庄街道的领导、其他社区工作者和少数几个社区活动活跃者向惠河东里制作手机报的工作人员表达过他们的建议和想法。虽然手机报中有"互动社区"的版块,也给了电话和邮箱两个互动渠道,但是并没有普通用户跟他们有过反馈。

最根本的是,《惠河东声》并没有全面融入到居民的日常生活中。手机报上的社区新闻与公告栏通知一样呈现出一种"公告式"的事务性,如居委会会议、文明城区创建等。而一些生活类信息比较贴近生活实际,但就像居民讨论中说到的,那样就跟其他手机报比如《生活早晚报》上的服务咨询没什么区别了,生活类信息虽然也为人们所需要,尤其为老年人注重,但是它也不是社区手机报传播内容的主体。社区手机报目前来说更多体现的是一种有限工具价值,在协助居委会管理中能起到一定的作用,但其"社区性"仍待挖掘。美国著名传播学者施拉姆等人把社区报视为广角窗口(Great Wide Windows),透过这个窗口读者能够看到他们的社区,同样的,研究者通过社区报也可以界定这是怎样一个社区。显然,中国社区手机报现在还没有做到这一点。

(三)社区手机报的未来选择

社区手机报在中国的发展根本上取决于我们采取怎样的社区理念,

同时需要我们对一些流行的理念进行适度反思。

目前,传播学界在相关议题研究中经常提及德国社会学家滕尼斯(Tonnies,1855－1936)出版的著作 *Gemeinschaft and Gesellschaft*(《社区和社会》,又译《共同体与社会》),并将此书对社区的解释作为理想社区的特征加以陈述。这其实是一个误区,至少是非常有缺陷的解读。需要提醒大家的是,滕尼斯的著作于1887年出版,表达的是他对传统共同体和现代共同体差异的认知。他的 Gemeinschaft 的实质意义是一个礼俗社会,对应的是法理社会。是故,该著作在国内也被翻译为《礼俗社会与法理社会》。在本书中,Gemeinschaft 揭示的社会是由共同价值取向的同质人口组成,关系密切,出入相友,守望相助,疾病相扶,富有人情味的社会关系和社会利益共同体。但如果以此为蓝本进行当代社区构建的话,就是直接忽视了现代社区是由差异化而非同质人口构成的事实。至少,这样的蓝本在现代商品房社区的构建中是不现实的。执意盲目地言说滕尼斯所言社区的这一所谓普适特征,一则是一种解读的不负责任,二则无非是作为传统社会的过来人对特定时代邻里生活的过度回味。当然,滕尼斯也给我们带来了借鉴的遗产,那就是发挥社区一定的守望相助功能,建立有选择的交往关系和建设基于特定社会利益的共同体。

再就是,单单的功利化不能解决社区手机报未来的可持续发展。在前述中,我们指出,中国社区手机报的传播内容因商品房形成的社区属于功利导向型,而非情感导向型的。同时,我们也阐明了社区手机报发展的资本掘金动力。但这些并不意味着功利导向型能长远地支持社区报的发展。美国社区报研究专家 Jock lauterer 对中国社区报的考察结论是,中国社区内的居民其实很在意其他人,比如照顾孙辈的老人们喜欢聚集在一起,因为有相似的话题。他们只是缺乏一个便于交流的媒体平台。同时,他认为办报人首先要确定的理念是坚定地为社区服务,只有当社区报真的成为一个建设社区的工具后,盈利是自然而然的事情。①

  但站在中国社区发展的角度来说,这还不够明确。即社区手机报的发展理念必须与社区发展理念一致。具体就是培育和发现社区自身的意义和社区人的意义,通过彰显其独特价值的方式成就社区地域共同体和个体生命历程的社会与政治价值。美国《教堂山周报》社区报遵循"人人有机会出现在报纸上,报纸才能成为每个人的报纸"的办报理念。当大报连篇累牍报道 NBA 的时候,他们对 NBA 视而不见,却花大工夫报道社区学校的学生篮球赛,让读者关注自家和邻居家孩子在比赛中的表现,以及他们平时的成长。② 不限于此,美国社区报会将一个人的出生、结婚、去世都作为社区报的内容,并通过社区报调动公民的能动性,确认社区自身作为利益攸关者,实现公共设施的建设和维护等社区参与行动,让公民知道每个人都是社区的财富,每个人的付出和参与对社区很重要,对民主社会的维系是不可或缺的。③ 当然,这些传播内容事实上也促进了社区横向的流动,为形成社区归属感、凝聚力,甚至是社区动员力都创造了重要基础。可以说,这些表现才是美国关于"无报不成镇"观点的内在阐释。对于一个社会自治传统匮乏的中国社会来说,这些正是中国社区手机报发展最值得借鉴的地方。唯其如此,才能实现社区手机报与社区的深层互动,进而体现出其在当代中国的社会与政治意义。

---

① 彭波:《解密美国社区报》,《传媒》2012 年第 6 期。
② 谢国芳:《美国社区报给我们的启示》,《中国报业》2012 年第 9 期。
③ 彭波:《解密美国社区报:访美国社区报研究专家 Jock lauterer》,《传媒》2012 年第 6 期。

附录
与媒体的对话

采访一 新媒体语境下的新生代

记者 钱梦妮 《第一财经日报》(2013年1月4日)

"现在年轻人的成长大背景是市场化,这就常常涉及人的生存感,让他们比以前的几代人更具有竞争意识。"中国传媒大学社会学系教师谢进川在接受《第一财经日报》采访时说。

当初大众定义的"90后",现在已经有了正式进入社会的一批本科毕业生。2012年毕业的本科生,大多数都出生于1990年,这些步入工作岗位的"新鲜人"代表着一个新篇章的到来。

在他们形成自己的认知体系的过程中,见证了全球互联网的普及。据统计(socialbeta.cn),全球使用互联网的人数从2000年的3.61亿增长到2012年的26.7亿,也就是说,现在全世界有三分之一的人使用互联网技术。而在所有上网的青少年当中,更有80%的人活跃在社交网络等网站上,37%的人每天发送即时信息给朋友、家人;而37%的招聘者会浏览应聘者的社交网站;千禧年时全球手机用户占世界人口12%,到今天占据了87%。在中国,目前有75%的人口在使用手机。

他们所使用的数字化工具定义了他们将如何生活和工作,更对其性格的形成产生了不可忽视的影响。谢进川在学校主要教授"媒介与社会"这门课程,他说,新媒体每天都在发展,而在这样爆发式成长的网络时代,学会怎样利用新媒体、培养良好的"媒介素养"才是保证年轻一代积极健康成长的重要因素。

解读新生代的特点

"现在的学生越来越有个性,"谢进川说,"情绪表达很直接,没有太多的规矩束缚"。"每个人都想表现自己,但现实社会无法满足,媒介空间就成为自我个性化的展示空间"。或许这是新一代人热衷于在微博等社交网络上展现自己的私人情绪与生活中的细枝末节的原因。同时,网络渠道的疏解与展示也会导致年轻人的自我中心化,而在过度关注自我的负面效应之外,还有来自外界的不良影响。"好坏两个结果总是相互依存,关键在于自己是否意识得到"。他解释说。

数据显示,在互联网社交网络发展的同时,虚拟世界的风险也在随之增加。2011年公开发布的、可以攻击移动设备的软硬件工具比十年前增长了将近20%,而模仿社交网站进行"钓鱼"攻击的案件数目上升了80%。尤其是那些热衷于网络购物、脱离家长管束、可以自由支配生活费用的在校大学生,很容易被行骗者根据其网络轨迹联络并进行诱骗。

同时,在学习生活上,对新媒体的依赖也早已成为90后的全体性特征之一。利用搜索引擎找答案,甚至复制论文的现象时有发生。与纸质阅读相比,他们更习惯网络阅读,即便是阅读学术期刊,学生们也更倾向于上网搜寻,而不是去图书馆翻阅。"网络可以是最快,但不见得是最新的,因为很多专业期刊至少会在纸质版问世三个月之后才有电子版"。谢进川说。

这与现代社会的"快餐消费文化"有着密不可分的关联。在整个社会普遍流于肤浅的趋势下,年轻人很难不耳濡目染,浅尝辄止。而从另一个角度来说,社会的压力也会于无形之中转嫁在这些不到 23 岁的社会新鲜人身上。

比如网络游戏。谢进川表示,有自控力的年轻人可以把联机游戏当做一种生活方式,休闲娱乐的同时也将其当做辅助的人际交往工具;而沉迷游戏的人则不是这样,他们往往会因为在现实生活中没有得到足够的关心与照顾,或者找不到情绪抒发的出口,所以才会严重依赖游戏虚拟世界当中的成就感与关注力。

再比如新入职的大学教职工。同上世纪六七十年代进入校园的教职工不同,年轻一代初出茅庐就同时承担起沉重的社会负担,比如大城市的住房压力、生存压力等等就迫使原本对科研教学工作比较生疏的年轻老师们分散精力,努力以最小的投入获得最大的回报,因此在某种程度上影响了学术成就的深度。

"每一代年轻人都有浮躁、功利的弱点,但现在这几批特别明显,因为涉及的是生存感"。谢进川说,"但是他们无论是微博、微信,跟学生的互动方式都一直走在最前沿,非常活跃"。而近几年毕业的学生走入社会之后也给他留下"敢闯"的深刻印象,"刚入职就跳槽、创业,非常不容易"。

不能被媒介化

麦克卢汉著名的传播学论点"媒介即内容"现在屡屡被引用来阐释新媒体对现代人的影响,指的是人们在使用某种媒介的过程中会受到媒介本身特质的影响,这个影响甚至大于传递的内容本身。

谢进川认为,其实"知识沟"也存在于年龄差异与知识背景之间。一个心理年龄较为成熟、知识构成较为完整的人,就懂得把数字媒体变成工具为其所用,提高效率、扩展视野、完善细节;而心理年龄较为幼稚的人,就会被简单地"媒介化"。同理,搜索引擎完全可以成为绝佳的知识管理工具,网络游戏、社交网络也完全可以成为休闲娱乐的工具。

万事不动脑,什么问题都第一时间求助搜索引擎和社交网络,在充斥碎片式信息的网页之间流连,等等,这些都属于"人附庸于媒介"。

"过去讲一个人'滔滔不绝'这就是个能力,但现在则不成为能力,因为去网上搜索每个人都可以了解很多东西"。谢进川说,"搜索能力、分析能力变得更加重要"。

因此,年轻一代中有一部分如今十分优秀,像谢进川理想中的那样,可以很好地利用新媒体,却不会迷失其中,同时又能处理好现实生活中的种种问题。当新媒体以更加正面的方式影响到一代人的性格、能力时,那就不用再担心新新人类们那些无伤大雅的叛逆思维与行径了。

采访二　新媒体背后的人性和情感

记者　陈锐　顾杰　宋汶倩　祖枫

《中国传媒大学校报》(2013年5月1日)

雅安地震,举国悲怆。在地震救援阶段,以微博为代表的新媒体发挥了不可替代的作用。但当我们把新媒体当做工具看待时,发现其是由每一个个体的人在进行使用。我们从批判的角度出发,抱着观察审视的态度,发现新媒体的背后是人性与情感的复杂交织。在社会悲怆的气氛下,这些感情因素,往往被忽略而导致缺乏学理性的分析。为此,我们采访了我校政治与法律学院社会学系谢进川副教授,对那些隐藏的善恶进行了一次探讨。

个人与群体的非理性

当人们事后回忆起雅安地震发生那一天的情况时,还是会惊叹于微博的迅速反应。有媒体称,地震仅仅 53 秒之后,成都高新减灾研究所就发出了有关地震的第一条微博。地震发生当天下午,大部分微博用户的首页都被地震信息占据,其中包括新闻媒体发布的前线报道、当地及周边居民发布的灾区情况、地震寻人信息、救援知识等等。一时间,人们仿佛不再有身份上的隔阂,所有人都有了"地震关注者"的身份。

但事后当我们从旁观的角度进行宏观的观察时,微博还是传递出了错误信息,即这次地震似乎非常严重,人们从微博上铺天盖地的信息中嗅到了 2008 年汶川地震的紧张气氛。谢教授认为,各个媒体有其自身的特点,而微博作为新媒体的代表,最大的特点就是人人传播。这意味着对某一事件,尤其是公共性事件来说,信息源会特别多。这往往会导致一段时间内信息集中迸发的现象。从新闻特性角度来看,灾难性事件更容易进行传播,当微博上集中出现地震信息时,人们由好奇变为关注,在部分群体中营造强势介入关注的气氛,同时无数的转发又加剧了地震信息的增加。

在此过程中,我们同时注意到这样一个现象:当有人发布与地震无关的信息时,往往会受到指责和攻击,被称不关心同胞生死。这其实是一种传播者的心态,谢教授认为这需要具体看待。当大家沉浸在地震悲痛中的时候,有人传播一个戏谑式的评论或内容,这被人指责很正常。谢教授认为这是一种传播的情绪。但另一种情况则不同,当人们无视内容进行无理指责时,谢教授解释说这是"妄图用自己的思想和情绪去主宰他人的思想和情绪",这一类人并不适合新媒体时代。当这类人群形成一个小的网络传播群体时,群体本身已经带有某种倾向,这种倾向使得群体试图主导群体内部的其他人。而群体对个人往往会产生影响,表现在个体身上即容易走极端,个人已不能容忍别人的不同意见的存在。"这个群体有一种自身主导事件的观念,有一种心理优势"。谢教授说。

私人传播和公共责任

微博是一个传播门槛较低的媒介工具,并且多数个人在发布信息时并不需要负相匹配的责任。雅安地震发生后,中国红十字会利用微博发布劝募信息,得到的网友回复都是相同的一个字:滚。传播学中有一个"权威性传播"的概念,"红会"过去糟糕的内部管理已经对其权威性造成了很大的损害,公众已无法对其恢复完全的信任。谢教授强调说,微博的交往和生活中的交往有相似之处。当两者之间产生不信任感时,无论对方说什么另一方都无法再认真地倾听。一方面,红会有自己的过失之处,但另一方面也反映了网民本身的心态,简单来说,是一种任性。因为在网络中,"滚"是一个很严重的字,这可能只是一个网络中的情绪发泄现象。但这种简单的情绪发泄不是一个好的处理方式,尽管我们似乎已习惯了网络上的这种表达,因为作为个体的我们不需要为此负责。这也印证了微博传播门槛较低的特点。谢教授认为,网民把微博这个传播渠道太过于看做是一个私人的传播渠道,而忽视了应承担的公共责任。而在这方面做得比较好的,可能恰恰是一些我们称之为"公知"的人。地震发生后,许多知识分子都担负起了应有的社会责任,他们有的利用自身身份进行救灾动员,有的甚至深入灾区发放帐篷。当我们向谢教授提出"公知"这一概念时,他提醒到,网络上的"公知"这个词不能滥用。他认为公共知识分子前的"公共"二字,更多意味着对社会所具有的一种责任担当。这类知识分子首先应有此责任,然后运用专业知识技能去发掘社会背后不应该出现的一些问题,并促使它们被解决。在雅安地震中,很多知识分子都对救援工作、民众心理提出了意见、建议甚至质疑,最终都促使了问题的解决。但我们依然不能忽视一些所谓的"公知"利用微博发布煽动性的言论,在雅安地震救援时期,制造不必要的误会和恐慌的现象。谢教授认为这可能是一些怀才不遇的知识分子通过媒体渠道发现问题的方法,但对于问题中涉及的人进行谩骂则会导致不必要的动员效果。

传播心理与媒介素养

在地震的灾后救援时期,微博等新媒体平台上出现了许多地震寻人信息,并留有联系方式。但事后很多被证实是诈骗信息。谢教授认为这是因为网络传播更加容易,骗子巧妙地利用了这样一种心理:危难时刻人们更愿意相信一个悲剧性的故事,并且伸出援手。谢教授同时认为,在地震的非常时期,利用新媒体平台进行诈骗比较恶劣,这是利用人们的善良去谋求一种既不道德又不合法的利益的手段,需要严厉打击。同时他提醒道,个人,尤其是媒体,面对微博上的信息要有鉴别真假的能力,对于个人来说,要做对的"好事"。而作为传播者的媒介素养,可能更需要一种识别能力。"媒体专业性较强,理应比普通人更具有识别能力",谢教授说。

在采访最后,谢教授认为,微博作为一个低门槛的平台,对于地震救援确实有效,更利于信息的传播。但使用微博这个工具的人们,需要一种公众意识,即以一种负责的态度进行传播。而对于微博上的精英来说,作为一个舆论引导者,具有传播的优势,随着传播范围的扩大,需要精英的自我约束。

谩骂、攻击、疯狂、诈骗、负责、温情、信任,这一切互相交织,共同隐藏于新媒体的背后,但在这些词汇的背后,是更为复杂的人类情感。

采访三 京东大战当当

记者 魏小令 《广告主》(2011年第1期)

由京东商城率先发起的图书价格混战将出版社、网络经销商瞬间卷入战斗,图书市场硝烟弥漫,读者大呼给力,出版商却无限担忧。

京东图书漂亮的开业促销典礼

京东商城介入图书市场,一场价格战几乎让所有人都知道了"原来,京东也开始销售图书了"。京东商城 CEO 刘强东与当当 CEO 李国庆直接微博骂战,更是让读者看到了一场精彩的好戏。与此同时,京东商城也遭遇到了出版社的联合限价令,出版社联合表示如果京东不停止降价,出版社将停止给京东供货。

对于此次价格混战,各方看法不一。京东 CEO 刘强东强硬表示当当的打压不停止,京东的价格屠刀绝不收回。而当当 CEO 李国庆则表示价格战是一个假命题。还有人认为京东此次价格战是虎头蛇尾,造就了自己在出版界的"坏孩子"形象,得不偿失。

对此,中国传媒大学社会学教师、传播学博士谢进川在接受《广告主》记者采访时说,发起这场价格战,京东的目的在于吸引消费者的眼球。尽管低价战争对行业有一定的冲击,对新进入者而言能暂时掠取一定的市场份额,但价格战作为长期的策略来讲肯定是不可能的。

事实上,在中国的图书销售市场,价格战屡见不鲜。2006 年,民营企业第三极书局和新华书店旗下三大连锁店之一的中关村图书大厦就曾为读者上演过图书价格战这一幕。当时,第三极书局遭到中关村图书大厦的价格攻击,不得不通过"热烈地爱读者一回"的方式展开绝地反击。因此,当刘强东强硬表示当当打压不停,便不会收回价格屠刀时,谢进川解释到,不排除当当有这样的打压举动,京东掀起低价策略,也是情有可原的,不管是对消费者还是出版商,都是多了一种渠道,只要是正当的竞争,没有坏处。看来此次价格混战在某种程度上无异于是京东商城介入图书市场的一次漂亮的开业促销典礼。

"恶性竞争"只是一顶帽子

《广告主》记者致电多家出版社,绝大部分出版社均表示对京东此次挑起的"恶性竞争"感到很无奈,希望政府相关部门出台限价令,并在以后的合约中也会考虑加入限价的相关规定。少数出版社甚至将京东此次挑起的价格战称为"流氓行为",表示坚决不与京东合作。对此,谢进川说,关于出台限价令的说法,当然是出版行业出于自我保护的需要,但是至于因为京东发起的所谓的"恶性竞争"而坚决不与京东合作,出版社大可不必说这样的气话。

如何定义"恶性竞争"？谢进川认为,如果"价格战"只是作为京东商城的一个短期促销策略,那为什么不可以呢？怎么能叫恶性竞争呢？如果一个商业形态的出现,是以牺牲整个行业基本利润的方式做长期的销售,可以称之为恶性竞争。但是京东是以牺牲自己的利益,吸引消费者的眼球,这没有什么不可以。所以不能称之为恶性竞争,这只是部分行业人士和竞争对手给京东扣的一顶帽子。

基于此,谢进川进一步解释说,多一家图书网络销售商,对读者和出版商都没有坏处,渠道的增加有助于行业的健康发展,也给了出版商和消费者更多的选择。但是对京东而言非常重要的一点是,他们必须在某种程度上取得出版商的谅解,所谓的支持和谅解即起码让出版社相信京东并不是想牺牲整个行业的基本利润。销售商和供货商应该完全可以达成良性互动的关系,各得其所,实际上出版商也需要这样的销售商。实体店也好,网络店也好,姓张的网络店也好,姓李的网络店也好,对出版商而言,都是多一个渠道,没什么不好！

记者采访发现,部分出版社表示与京东没有合作,将来也不会考虑与京东合作。至于京东是否表达过与这些出版社的合作意向,相关负责人则含糊其辞,甚至简单地认为京东商城以前是做电器的,而出版社是专门做图书的,双方不会有任何合作的机会和意向。

自省:不仅仅是网络经销商

此次图书价格战的影响,当然不仅仅限于京东和当当以及卓越这三家网络经销商,它波及的是整个行业。对实体店的销售是否有影响,各方说法也不一样。当代中国出版社发行部相关负责人在接受记者采访时表示:在良性的竞争下,我们肯定会支持,该供货还供货,但是价格战的出现对实体店的销售也有很大影响。据介绍,当代中国出版社给所有网络经销商的折扣都是一样的,但是给实体店的折扣比网络稍高,因为实体店账期长,网络则是时销时结,回款比较好。现在实体店也要求给他们同样的折扣,所以出版社非常无奈。二十一世纪出版社相关负责人也认为京东的价格混战扰乱了正常的销售秩序,对传统的销售渠道影响很大。而人民教育出版社的相关负责人却持不同的看法,认为此次价格混战不会对传统销售渠道产生太大的影响,毕竟各有各的渠道。

价格混战是否影响到出版社的盈利?谢进川认为这要具体问题具体分析。谢进川向记者解释,目前的图书市场,部分学术书籍成本比较高,但是有些畅销书籍、生活类书籍本身就是价格虚高。非学术性书籍往往是以高定价、低折扣的方式销售的。因此,即便是京东让利20%给消费者,销售商和供货商仍然存在盈利空间。目前图书市场比较混乱,并不仅仅局限于类似第三极书局和京东商城掀起的所谓价格混战,某些出版社卖书号的行为也扰乱了出版行业的正常秩序。因此,图书市场的行业规范,并不是仅仅靠出台限价令、在销售渠道范围内进行所谓的整顿就可以解决的,从出版社到经销商,这是一个利益链条,只有利益链条上的各个环节都规矩了,真正的行业规范才有可能达成。

后 记

本书的完成过程也是我的宝贝小迪茁壮成长的过程，家人的健康是馈赠给我的一份弥足珍贵的礼物。

作为社会的个体，社会文化这种质性的东西在生命历程中，往往是以生物性这种最为直接的方式被首先体验的。宝宝的需求和互动不过是折射了一个一无所知的小童子因为好奇，兴致盎然地探索这个对他而言不断充满了新鲜的世界。同样，他们世界的简单也让我们这些复杂的大人们获得了反思生活真谛的机会。

感谢身边的前辈、同事和朋友的关心和帮助，能够拥有一个自由的氛围和催人进步的环境不失为生命中重要的邂逅。

感谢黄松毅编辑，与她高效的沟通与再次的合作使得本书能够更快地同大家分享一些思考。

感谢拥有的一切。

谢进川

2015 年 1 月 2 日于北京小村

图书在版编目(CIP)数据

微博传播与社会管理/谢进川著.—北京:中国传媒大学出版社,2015.2
ISBN 978-7-5657-1150-3

Ⅰ.①微… Ⅱ.①谢… Ⅲ.①互连网络－传播媒介－应用－社会管理－研究
Ⅳ.①G206.2 ②C916

中国版本图书馆CIP数据核字(2014)第184869号

微博传播与社会管理

著　　者	谢进川
责任编辑	黄松毅
责任印制	曹　辉
封面制作	槛外人
出 版 人	蔡　翔
出版发行	中国传媒大学出版社
社　　址	北京市朝阳区定福庄东街1号　邮编:100024
电　　话	86－10－65450528　65450532　传真:65779405
网　　址	http://www.cucp.com.cn
经　　销	全国新华书店
印　　刷	北京艺堂印刷有限公司
开　　本	710mm×1000mm　1/16
印　　张	13.5
版　　次	2015年2月第1版　2015年2月第1次印刷
书　　号	ISBN 978-7-5657-1150-3/G・1150　定　价　48.00元

版权所有　翻印必究　印装错误　负责调换